图书在版编目（CIP）数据

经典与创意树桩蛋糕制作详解／（法）克里斯托夫·费尔德（Christophe Felder），
（法）卡米耶·勒塞克（Camille Lesecq）著；华釜泽译. —武汉：华中科技大学出
版社，2021.3
　　ISBN 978-7-5680-4704-3

Ⅰ.①经… Ⅱ.①克… ②卡… ③华… Ⅲ.①蛋糕－制作 Ⅳ.①TS213.23

中国版本图书馆CIP数据核字（2021）第020238号

Bûches by Christophe Felder & Camille Lesecq
© 2017 Éditions de La Martinière, une marque de la société EDLM, Paris
Simplified edition arranged through Dakai L'Agence.

本作品简体中文版由Éditions de La Martinière授权华中科技大学出版社有限责任公司
在中华人民共和国境内（但不包括香港、澳门和台湾地区）出版、发行。
湖北省版权局著作权合同登记　图字：17-2020-216号

经典与创意树桩蛋糕制作详解
Jingdian yu Chuangyi Shuzhuang Dangao Zhizuo Xiangjie

[法] 克里斯托夫·费尔德（Christophe Felder）
[法] 卡米耶·勒塞克（Camille Lesecq） 著
华釜泽 译

出版发行：华中科技大学出版社（中国·武汉）　　　电话：（027）81321913
　　　　　北京有书至美文化传媒有限公司　　　　　　　（010）67326910-6023
出 版 人：阮海洪

责任编辑：莽　昱　谭晰月
责任监印：徐　露　郑红红　　　　封面设计：邱　宏

制　　作：邱　宏
印　　刷：广东省博罗县园洲勤达印务有限公司
开　　本：889mm×1194mm　　1/16
印　　张：15
字　　数：100千字
版　　次：2021年3月第1版第1次印刷
定　　价：168.00元

经典与创意
树桩蛋糕制作详解

［法］克里斯托夫 · 费尔德（Christophe Felder）
［法］卡米耶 · 勒塞克（Camille Lesecq） / 著

华釜泽 / 译

华中科技大学出版社
http://www.hustp.com

有书至美
BOOK & BEAUTY

中国 · 武汉

序言

经典与创意树桩蛋糕制作详解

　　我们在焦糖与杏仁搭成的伊甸园里漫步，为寻找"玫瑰人生"的真谛，又在红色水果和巧克力汇成的海洋中穿梭，感受着古典主义的恬静……克里斯托夫·费尔德和卡米耶·勒塞克将用图文带我们展开一场有关树桩蛋糕的文化之旅，从中我们更能窥见一段纵横四海、跨越千年的美食传统。尽管树桩蛋糕作为一款甜品仅有一个半世纪的历史，可树桩的形象一直寄托着人们对美好生活的愿景：从最早人们围坐在篝火边举行的祈福仪式，到如今冬日庆典中必不可少的美食（并且常以冰冻甜品的形态出现），它的存在始终与节日狂欢密不可分。

　　然而在成为一款美食的灵感来源之前，木柴的全部价值仅仅是燃料。我们对它的唯一期待就是希望它能燃烧尽可能长的时间，最好能从圣诞节一直烧到主显节，从而让我们可以安详地度过一年中最漫长的几个夜晚。我们甚至把这些木头命名为"三日柴"，以取"燃烧三天"之意。后来人们为了表达对自然循环往复以及对来年丰收的美好祝愿，开始往木柴里添上前一年的枯根，并依照我们对伊甸园的记忆拌入蜂蜜、牛奶、油以及红酒，久而久之，这种特殊的仪式就变成了圣诞夜的传统。在这一刻，所有人不论尊卑、长幼，都会沉浸在庄严而又宁静的节日氛围之中。

　　在这个不同寻常的夜晚，生者和逝者得以实现心灵沟通，孩子们则祈求燃烧的木柴可以给他们带来甜蜜……而大人们其实早早地就在柴火堆下藏好了数不尽的糖果、蜜饯和果干，因此树桩不仅仅代表着美好的祝福，更蕴藏着无穷的惊喜。渐渐地，这种庄严宁静的宗教仪式被热烈的基督教节日庆典所取代。在圣诞节期间，树桩蛋糕是压轴大菜，在大餐过后，我们总会想起这款圆木形状、覆盖奶油并暗藏惊喜的甜品，不同地区的家庭会连续吃上三天、九天甚至十二天的树桩蛋糕，这些数字都有着特别的寓意。在某些地区，人们也会把树桩蛋糕投入壁炉燃烧，以驱灾辟邪，祈求来年平安，可以说树桩蛋糕就是我们的精神寄托。

到了19世纪，人们不再使用壁炉，圣诞节烧柴的传统也慢慢消失。木柴作为一种祝圣的信物被保留了下来，但它从火炉"转移"到了圣诞夜的菜单上。关于我们"梦开始的地方"——树桩蛋糕的起源说法不一，有记载称在巴黎的圣日耳曼大街上有一位巧克力学徒，是他在1834年的时候创造出了这种甜品。也有人说树桩蛋糕出现的时间比上述提到的还要晚几十年，而且是由一位来自里昂的厨师发明的。更为详尽的记载来自一位名叫皮埃尔·拉康的人，他曾是摩纳哥王子查尔斯三世的御用甜品师。在他的回忆录里，我们找到了惊人的2800余道食谱，其中就有一道他在1898年首创的树桩蛋糕做法：先用酒瓶把杏仁面团卷起来，在其中填满冰块并在表面附上一层巧克力翻糖，最后还要在翻糖表面划出一道道像树桩那样的纹路。后来人们还会拿热那亚比斯基（Biscuit Génoise）卷上咖啡奶油、巧克力奶油、甚至是利口酒奶油制作树桩蛋糕，这款甜品的名气也越来越大。在圣诞节期间，我们会用杏仁面团和各种糖类做成蘑菇、水果、小精灵甚至是圣诞老人的形状，并把它们放在树桩蛋糕上作为装饰。

无论是作为燃料还是甜品，树桩的形象都是一切美好事物的象征，它仿佛初升的太阳，为即将跨入新年的人们带去光和热，它能够驱散各种负能量并给一个家庭注入新的活力。一些影视剧的走红更是给这款甜品蒙上了一层神秘色彩，不论是悬疑大作《双峰》中的"木头小姐"，还是达妮埃尔·汤普森指导的《圣诞蛋糕》里既好吃又好看的节日美食，可以说树桩蛋糕本身就是一部令人难忘的梦幻剧。

克里斯托夫·费尔德（CHRISTOPHE FELDER）

原创性一直是克里斯托夫·费尔德的王牌，他还有一个关于创作的秘密：那就是他所有的创意都来源于自己的童年回忆。这位来自阿尔萨斯大区斯希尔梅的名厨其实很早就进军甜品界并结下缘分。出生于甜品世家的他从小就浸润在蛋糕的甜香中，也因此养成了独特的欣赏品位，在父亲身边当学徒时更是把"质优、简约、细腻"的要求奉为圭臬，可以说甜品制作与他的生活轨迹始终交织在一起。在克里斯托夫·费尔德十二岁那年，他的父亲送给了他一本伊夫·杜丽的书，年幼的克里斯托夫更是把这位巧克力大师奉为偶像。

在完成学业后，克里斯托夫·费尔德在斯特拉斯堡的林茨·沃热尔甜品店做学徒，随后前往巴黎的馥颂工作，在那里他结识了年轻的皮埃尔·埃尔梅和居伊·萨瓦。后来他在克利翁酒店工作了15年，可以说这个经历本身已经足够传奇了！克里斯托夫认为创造甜品的"魔法"就好比是盖一座摩天大楼：一座大厦不论设计如何精巧，都需要坚实的基础做支撑。不论外表如何华丽，也需要技术精湛的工匠一丝不苟地完成。对甜品制作来说，这就意味着食材和口味应当永远占据至高的地位。

2004年，克里斯托夫·费尔德成为日本品牌亨利·夏庞蒂埃（Henri Charpentier）的甜品顾问，负责费南雪蛋糕，并获得了法兰西文学与艺术骑士勋章。他征服了这个世界上最为挑剔的味蕾，之后"盘式甜点"的兴起也印证着他的创作理念：即每一份甜品作品都应当是独一无二的。克里斯托夫是一位自由的思想者，他仅凭一己之力便掀起了一场宴饮行业的革命。正是由他首开先河，我们才开始关注每一次宴会的个性，并为每一个特殊的时刻定制独一无二的作品。哪怕只是一块简单的法棍面包，克里斯托夫也会发掘自己无尽的好奇心，把各种创意和自身的专业知识相结合，从而得到令人满意的作品。对他来说，甜品制作既是一门艺术，更是一项技艺，其中有无数组合可以尝试，更有着各种诀窍等待发掘。2012年9月12日，克里斯托夫·费尔德参加了《厨艺大师》，并用一道极具艺术气质的情人节巧克力柠檬蛋糕惊艳全场。

除了各种技巧，克里斯托夫的父亲教给他最重要的东西是创新精神。制作甜品的过程其实是一次与自己的精神对话，而克里斯托夫从不满足于生活在象牙塔里。他本人也投入教学工作中，并在他创立的"费尔德工作室"中传授"克里斯托夫哲学"：对他来说，甜品并不是难以调教的"坏孩子"，只要多一些耐心，多一份细心，再加上有力的双手和敢于打破常规的创意，任何人都可以成为甜品大厨！

爱恨分明、雷厉风行的克里斯托夫是一位名副其实的艺术家，他可以在几分钟内做出一炉快手香草曲奇或是一份青柠树莓酱，也可以静下心来，用五个小时烤出少女心满满的红粉佳人流心蛋糕。他对青茴香和胡椒这两种食材情有独钟，善用它们进行各类创作，更是把香草视为"神仙调料"。

　　克里斯托夫珍视友情，他与童年伙伴们一起在阿尔萨斯经营着多家酒店。而在这些朋友中，卡米耶·勒塞克是他最为亲密的战友，他们一起买下了米特奇的一家甜品店（也就是后来的"Les Pâtissiers"甜品专门店），并把它建成了一座真正意义上的"梦幻糖果屋"。在这里人们既能品尝用新鲜食材制作的正宗阿尔萨斯风味的甜品，也可以享用各地的特色甜品。既能领略经典食谱的魅力，也能感受到甜品行业的更迭与时尚潮流。克里斯托夫甚至会把甜品制作当成一场游戏，把自己天马行空的想象和各种元素相结合：淋面、绒面、酥皮、布丁、熔岩蛋糕、慕斯林奶油、萨芭雍、布列多曲奇（一种阿尔萨斯特色甜点）等都是得心应手的创作工具……

　　对克里斯托夫来说，每种配料以及它们之间的化学反应就好比不同质感的服装面料，而甜品师的工作正是利用它们编织出一场美味而华丽的"时装秀"。

卡米耶·勒塞克(CAMILLE LESECQ)

　　正如他的挚友克里斯托夫一样，卡米耶·勒塞克与甜品的渊源也始于童年。他出生于诺曼底的圣洛市，叔叔在巴黎拥有一家甜品店，每逢假期他都会在那里帮工。这家店对年幼的卡米耶来说就像是阿里巴巴的藏宝洞一样，各类法式可颂、绒面蛋糕、水果甜品和酥皮面包填满了他最疯狂的梦境。后来卡米耶决定把这项爱好发展为自己的事业，他先是在卡昂考取了甜品师专业技能资格证，1995年起，又开始在维莱博卡日做甜品学徒。

　　1999年，卡米耶·勒塞克出色地通过一系列考核并顺利成为克里翁酒店的主厨助理，这也标志着他正式步入了奢侈宴饮行业。此时正是甜品大师的克里斯托夫·费尔德给了他充分发挥的空间，卡米耶如虎添翼，他既保有着对这项事业最大的尊重，也带着高涨的创作热情投入工作。他不停发掘甜品的新口味、新触感，像变戏法一般对不同的原料进行变换组合，进行前人不敢尝试的创新，并也因此完善并充实了自己独特的风格。

经过五年的历练，卡米耶·勒塞克从十几位主厨助理中脱颖而出，成为厨师团队的主管。但是这位年轻才俊并不满足于此，他深知甜品行业顶尖厨师之间的竞争之激烈，他从不被流行趋势所蛊惑，而是继续探寻着不同质感、不同口味食材之间的组合，像是脆饼与软糖馅、酥皮和软蛋糕等。对卡米耶·勒塞克来说，一份成功的甜品不仅仅要满足一时的口舌之欲，更应当给人们留下长久的味觉记忆。

2004年，卡米耶·勒塞克当选巴黎莫里斯酒店的甜品主厨，并进入了米其林三星厨师扬尼克·阿勒诺的团队。在那里他仿佛长出了三头六臂，既要保护法式甜品的优良传统，又要不断地进行实践与改良，同时创作出新的甜品作品。在莫里斯酒店的工作十分琐碎，他不仅要负责餐厅，还要负责宴会、客房服务甚至是宾客的早餐。在阿勒诺的指导下，卡米耶成功地让一些传统的巴黎甜品重新回到人们的视野，比如将香缇奶油和焦糖相结合的圣奥诺黑泡芙挞（saint-honoré），又比如用樱桃利口酒奶油搭配酥皮做出的尼芙蕾挞（niflette）等。这份工作也为他赢得了2010年"年度甜品厨师"的称号。

时间来到2014年，卡米耶的挚友和人生导师克里斯托夫·费尔德再次找到他，并希望和他一起经营米特奇的那家甜品店。他们之后创作出了诸多经典甜品：像是香草可颂，洛林核桃酥饼，姜味、无花果味、柠檬味和香橙味的各式精品面包等。当然除了这些赏味时限只有两三分钟的顶级烘焙，卡米耶也为普通的面包店创作了更为实惠、且可以保存一整天的甜品。

"一份好的甜品在入口之前就应当通过各种感官抓住人心。"这是卡米耶·勒塞克的座右铭，也是他始终奉行的创作理念。卡米耶把甜品制作看成是一门综合的艺术，他强调各种颜色与口味的完美配比，正如食客们所说："卡米耶·勒塞克的双手总是能带给人们惊喜，他的作品也早已超出了一般甜品的范畴，它们可以作为头盘甚至胜任主菜的角色。"

目录

基础制作工艺

在我们开始讨论树桩蛋糕之前，要首先明确一点：不管做出的成品大小、长短如何，树桩蛋糕必须要有树桩蛋糕的样子！即便是本书所介绍的最有特色的三款作品："云杉年轮""圣诞老人"和"冰雪圣殿"，它们的制作也必须遵循统一的创作"模板"。这其中"云杉年轮"是树桩形象的写实反映，"圣诞老人"和"冰雪圣殿"则表现了欢快的节日气氛。

在阿尔萨斯地区，有三种树桩蛋糕最为出名，它们是各类节日庆典上的绝对主角：

比斯基树桩蛋糕

比如最为经典的古法树桩蛋糕（见第44页）以及红粉佳人流心蛋糕（见第60页），它们最适合佐咖啡食用，冷藏后可以保鲜3~4天，并且长途运输也不会影响其品质，我们可以在任何地方慢慢享受这些美味！

慕斯树桩蛋糕

绵柔如雪的口感让这类树桩蛋糕自始至终都和圣诞节联系在一起。我们常常拿水果或巧克力与其搭配，比如苹果糖片和巧克力刨花，有时甚至还会用果味巧克力。

冰激凌树桩蛋糕

这款甜品同样也是年终节庆期间必不可少的美味，它所带来的快乐甚至可以一直延续到夏天。像是本书介绍的"白色大衣"（见第226页）和"维生素鸡尾酒"（见第194页）都值得一试！

统筹安排

为了避免最后在厨房里手忙脚乱，我们在制作树桩蛋糕时一定要学会统筹安排。为此我们可以把整个过程拆分成几天完成：比如对于水果片、奶油、雪芭和生面团等原料，我们可以提前做好并冷藏。巧克力装饰件可以放在密闭、凉爽、干燥的容器中保存。而只有慕斯和奶油霜需要现做现用。

准备好厨具

制作树桩蛋糕时，在不同的场景下选择合适的厨具也十分重要。比如在烤制蛋糕时最好选用不锈钢模具。在制作类似水果糖片等装饰时适合选用PVC材质的模具或小沟槽。而如果制作的是用于最后"拼装"的各类蛋糕"部件"，则需要使用硅胶模具，因为它们形状多样并且最容易脱模！接下来我们将循序渐进地为您介绍制作树桩蛋糕及甜品装饰的一些基本技巧。

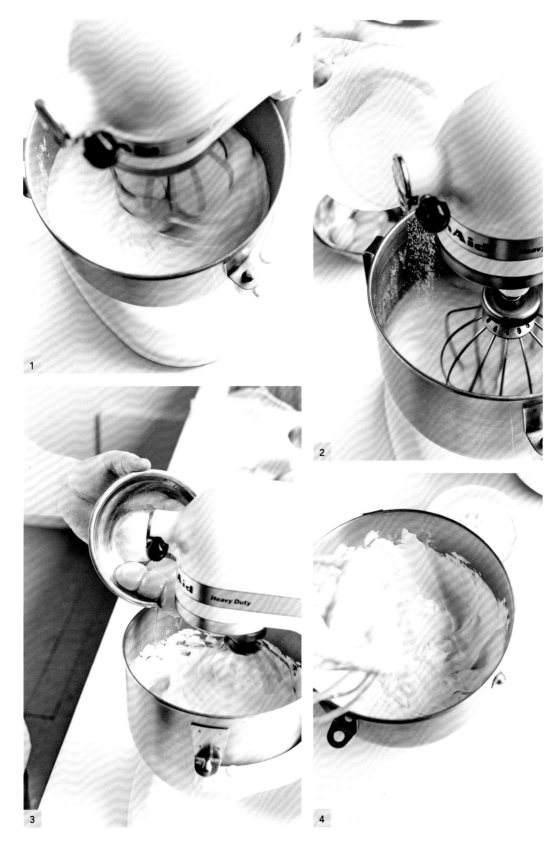

配料表见第172页

1. 将蛋清打发。

2. 一点一点地往蛋白霜里加入细砂糖并用打蛋器继续搅拌5分钟。

3. 继续加入蛋黄并用慢速搅拌。

4. 移走打蛋器。

5.往蛋白霜和蛋黄糊的混合物中加入面粉并拌匀。

6.准备好染色剂。

7.把面糊分为两份并分别加入两种染色剂。

8.将混合物搅拌均匀。

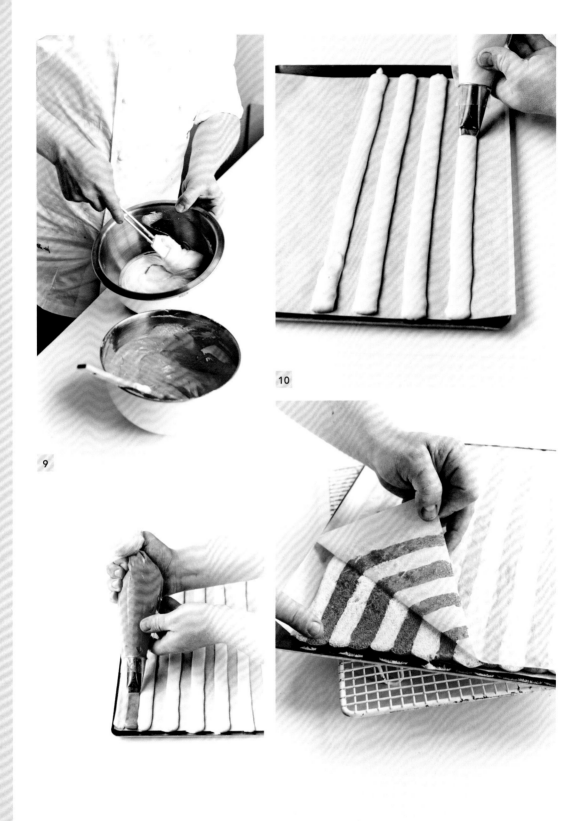

9

10

11

12

9. 如图所示得到两种颜色的面糊。

10. 用面糊填装裱花袋，并用平口裱花嘴将面糊在烤盘中挤成条状，每条相隔约2厘米。

11. 在间隔处再填上红色面糊。

12. 烤好后把比斯基翻转过来并揭下底部的烘焙纸。

配料

150克翻糖

100克葡萄糖浆

100克杏仁碎

1. 将翻糖倒入炖锅中。

2和**3.** 倒入葡萄糖浆并拌匀。

4. 加热并熬煮焦糖。

5.待糖浆熬至浅褐色时，加入稍稍烤过的杏仁碎。

6.轻轻地搅拌。

7.在烤盘里铺上一层烘焙纸，再把焦糖杏仁倒入其中。

8.当焦糖杏仁要开始变硬时，将烘焙纸卷过来将其包住，并反复按揉。

9

10

11

12

9. 随后把焦糖杏仁擀成想要的厚度。

10. 图10即为最后呈现出的效果。

11. 在焦糖杏仁还没有完全变硬之前用饼干模具压出相应的形状，如果焦糖杏仁已经完全变硬，可以把它放回烤箱重新烤一会儿。

12. 如果没有饼干模具，也可以把擀成长方形的焦糖杏仁从一边卷起，做出卷曲的形状。

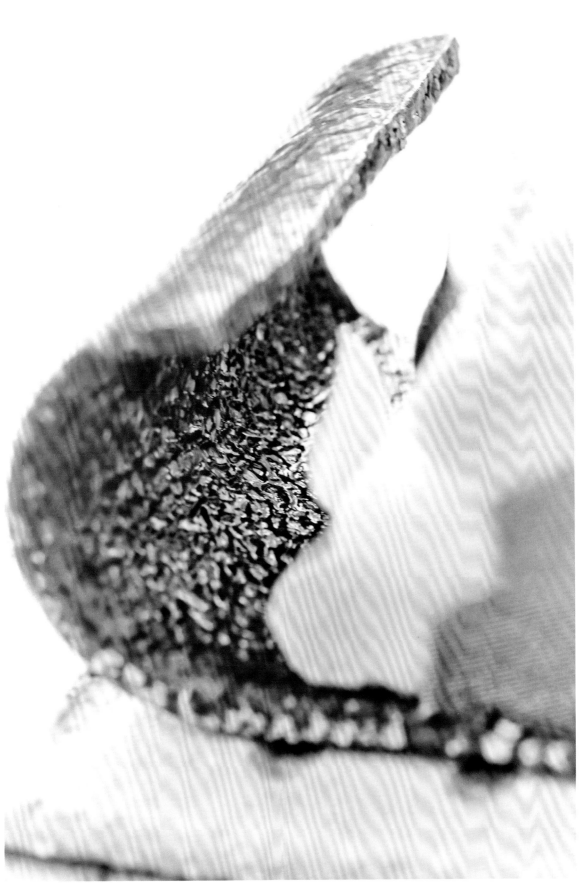

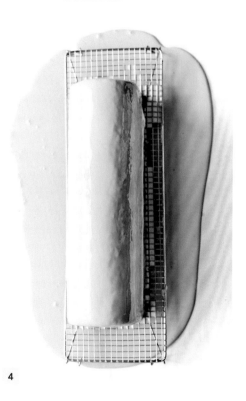

1. 隔水将淋面酱加热至35~40摄氏度。

2. 轻轻搅拌淋面酱，注意不要打出气泡。

3. 把树桩蛋糕放在烤架上，把淋面酱浇在表面，注意整个过程需要一气呵成。

4. 将树桩蛋糕静置5分钟，待淋面酱滴尽。

5. 最后您还可以把树桩蛋糕放入冰箱冷冻一会儿，使其定型。

巧克力调温

把巧克力切碎并用小碗盛装，然后隔水融化或微波炉加热融化，稍稍搅拌直至其表面变光滑，注意用温度计控制巧克力的温度：

- 黑巧克力需要加热至45~55摄氏度（当然根据巧克力品牌的不同，这一数值也会发生变化）。
- 牛奶巧克力需要加热至45~50摄氏度。
- 白巧克力（也叫考维曲白巧克力）需要加热至45摄氏度左右。

接下来取出约3/4的巧克力倒在案板上，并用刮板反复刮和切，使其温度降至27~28摄氏度。把降温后的巧克力倒回保温碗中，再缓缓倒入之前剩下的热巧克力使其升温，注意一边倒一边搅拌，并且不能让巧克力的温度超过32摄氏度。待黑巧克力温度达到30~31摄氏度、牛奶巧克力或白巧克力温度达到28~29摄氏度时即调温完成。

制作巧克力钵

1. 准备好巧克力与可可粉。

2. 隔水加热，将巧克力融化。

3. 根据食谱要求对巧克力进行调温。

4. 用甜品刷在钵体内部刷上薄薄的一层巧克力。

5. 用手把钵体边缘的巧克力刮净。

6. 当第一层巧克力变硬后，再开始刷第二层巧克力。这一次需要刷得很厚，您也可以把巧克力倒入钵体中，轻轻旋转钵体，直到让巧克力覆盖其内壁。

7. 把巧克力钵放入冰箱冷藏，待其完全冻硬后脱模。如果还需要往巧克力钵中填装食材，也可以将其放回模具里，把其他食材（比如冰激凌）填装好后再一起拿出来，这样能够防止巧克力钵破损。

最后可以用甜品刷在巧克力钵周围刷上一层可可粉用作装饰。

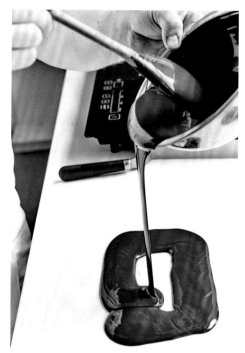

8

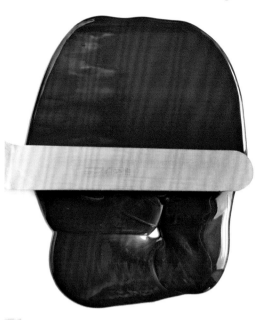

9

10

11

巧克力板（常常放在树桩蛋糕两端）

8. 在尺寸为30厘米×40厘米的Rhodoïd®塑料纸上倾倒150克调温巧克力。

9. 把巧克力抹至2~3毫米厚，随后静置一会儿，使其稍稍冻硬。

10. 将巧克力完全抹平。

11. 等到巧克力冻硬后，将其切成正方形或长方形块状，长宽与准备制作的树桩蛋糕一致（多为6厘米×8厘米）。

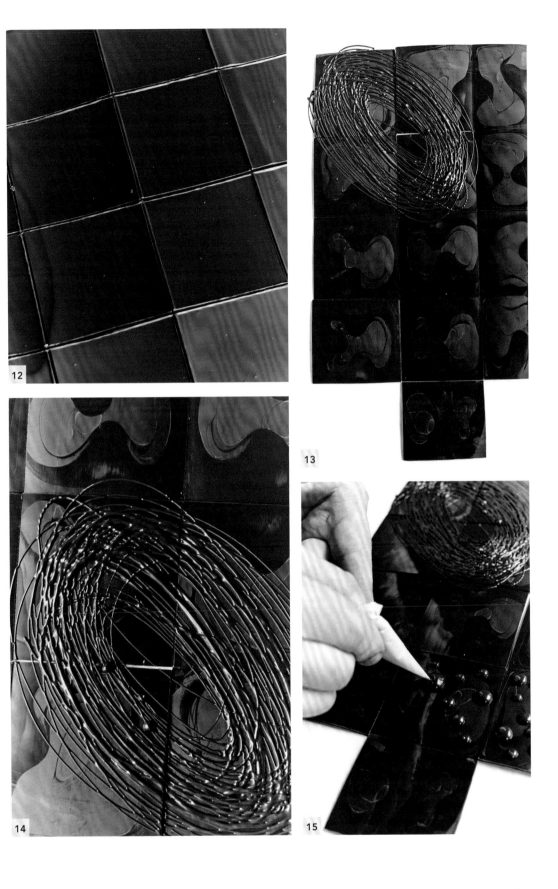

12. 在巧克力表面再覆盖上一层烘焙纸并压实，这样是为了让巧克力板始终保持水平（最终效果如图所示）。

13. 把巧克力板翻转过来并揭下Rhodoïd®塑料纸。用纸筒填装巧克力，并在巧克力板上画出图案。

14和15. 您也可以按照图中的指示做出不同的装饰。

16

17

18

19

巧克力小圆片

16. 在本节中我们将为您介绍两面光面的巧克力装饰圆片的做法。首先需要将110克巧克力倒在一张巧克力造型专用opp玻璃纸上（这种纸比上文里提到的Rhodoïd®塑料纸质地要更软一些）。

17. 紧接着在巧克力仍比较柔软的时候在表面再铺上一层opp玻璃纸。

18. 用手指把气泡挤出。

19. 在巧克力变硬前，用饼干模具把巧克力压成相应的形状。当巧克力开始要变硬时，可以把玻璃纸稍稍卷起来以做出曲面的效果。随后再把巧克力片放入冰箱冷藏30分钟，等到其完全冷却后再撕下玻璃纸即可。

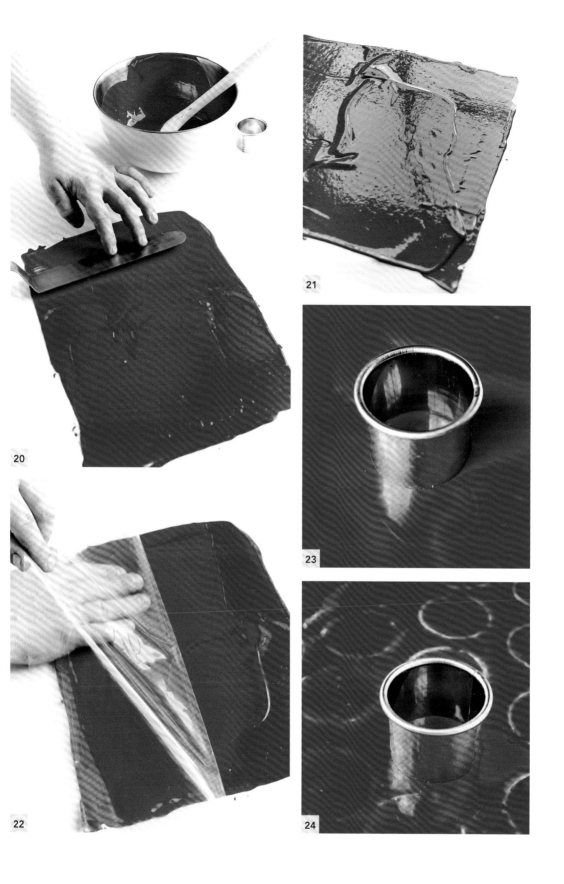

20.将白巧克力和红色脂溶色素倒在一起拌匀（注意制作巧克力的时候所使用的色素都是脂溶性的，这一点和制作其他甜品时不太一样，比如我们在制作马卡龙的时候所使用的色素就是水溶性的），随后把巧克力倒在玻璃纸上。

21.把巧克力铺平。

22.接着再在巧克力表面附上一层玻璃纸，注意不要留有气泡。

23.用圆形模具压出相应的形状。

24.用模具再压一次，使装饰片边缘更加光滑。等到巧克力降至室温后再将其放入冰箱冷藏30分钟，最后撕下玻璃纸即可。

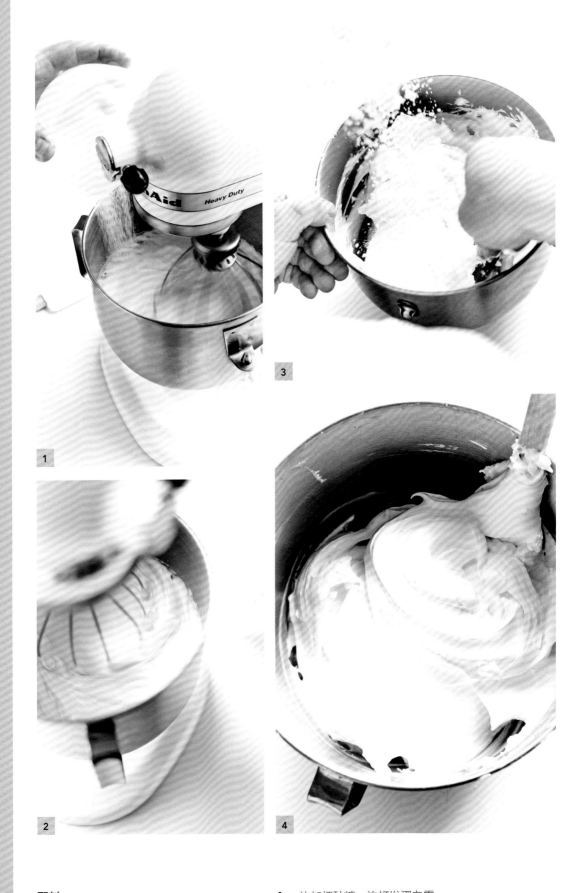

配料

100克蛋清

100克细砂糖

100克糖霜

1. 一边加细砂糖一边打发蛋白霜。

2. 打好的蛋白霜应当紧密坚挺。

3. 在打好的蛋白霜中拌入糖霜。

4. 小心地将二者拌匀。

5. 用蛋白霜填装裱花袋，并把烘焙纸的四个角固定在烤盘上。

6. 在烤盘中把蛋白霜挤成想要的形状。

7. 如图所示画出圣诞老人的胡须。

8. 在蛋白霜表面撒上糖霜并将其放入烤箱烤制即可。

9. 换用更小的裱花嘴。

10. 在另一个烤盘中挤出宽约2厘米的蛋白长条。

11. 在长条上撒上各种颜色的马卡龙碎。

12. 紧接着再撒上一层糖霜并放进烤箱烤制即可。

参考以下食谱可制作

1.2千克千层酥皮

原料准备：1小时

静置时间：至少9小时

烤制时间：25~30分钟

1. 普通面团配料

150毫升冷水

1汤匙白酒醋

18克盖朗德盐之花

350克T55面粉

115克常温融化的无水黄油

2. 起酥面团配料

375克特级无水黄油

150克T45面粉

1. 制作普通面团

将冷水、白酒醋和盐之花倒在一起轻轻搅匀，使盐之花完全溶解。

加入过筛后的面粉和常温下融化的黄油，并用手初步搅拌面糊直到能用手指划出面钩。

继续揉搓使得面团表面变得光滑。

把面团在烤盘中擀成长方形，随后铺上一层保鲜膜并放入冰箱冷藏2小时。

2. 制作起酥面团

把黄油切成小块后倒入容器，接着加入面粉。

用手搅拌直到面粉被黄油完全吸收。

把面团在烤盘中擀成长方形，随后附上一层保鲜膜并放入冰箱冷藏2小时。

3. 制作千层酥皮

将冷藏后的起酥皮铺在撒满面粉的工作台上。

把起酥皮擀至原来的2倍大小，并在中央铺上普通面团皮。

将起酥皮折起来以包住普通面团皮，随后将其转动90度并擀至约8毫米厚。把面皮底部往上卷至整体2/3处，再把顶部剩余的1/3往下翻折以盖住下部，静置30分钟。

随后再把面皮对折（因为从头到尾面皮经历了两次折叠，所以我们又将这一过程称作"双折"），再用保鲜膜包好并放入冰箱冷藏2小时。

冷藏足够长的时间后把面皮取出，再次转动90度并擀平。

重复以上步骤，即再进行一次"双折"。然后把面皮用保鲜膜重新包好并再次放入冰箱冷藏2小时。

第二次把面皮取出，将其转动90度并擀成长条。

接着把面皮分成三部分折叠：拿住顶部1/3向下翻折，再将底部1/3向上翻折盖住上部即可（在这一过程中面皮仅经历了一次折叠，因此称为"单折"）。

综上所述，我们制作酥皮的过程总共经历了五次折叠（本食谱中介绍的方法是通过两次"双折"和一次"单折"，您也可以进行五次"单折"，并在每次折叠间隔静置30分钟，效果完全一样）。

在完成了最后一步后，一份半成品酥皮就做好了！您可以用它制作各类甜品！

酥皮的烤制时间为25~30分钟。

备注：您可以在甜品专门商店里购买无水黄油，如果没有无水黄油也可以使用含水量较低的普通黄油，检验方法是用手捏一下看一下黄油是否坚挺。

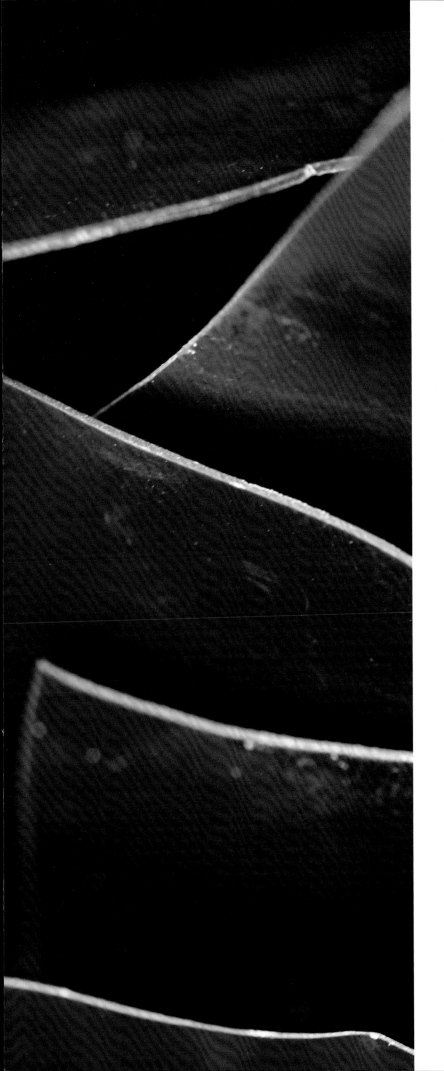

经典篇

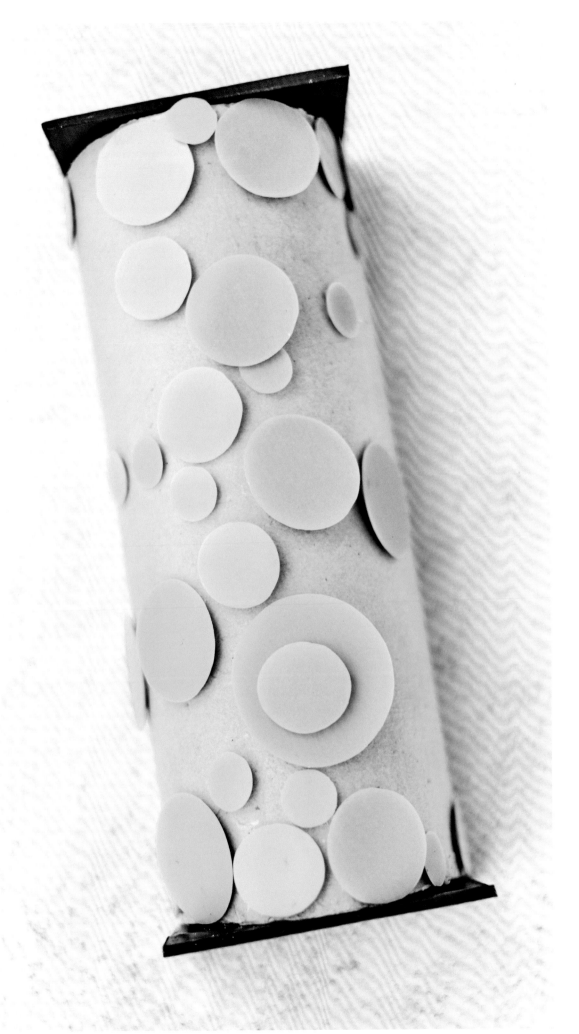

古法树桩蛋糕

这份食谱以开心果奶油慕斯作为夹心，
您也可以按照同样的方法制作巧克力、香草、咖啡、杏仁等
多种口味夹心的树桩蛋糕

原料准备：3小时

烤制时间：20~25分钟

8~10人份

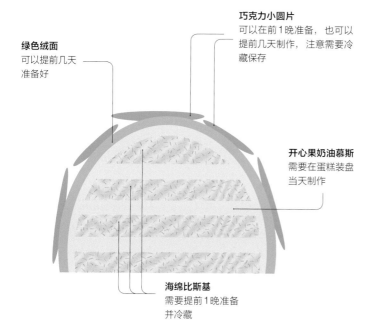

绿色绒面
可以提前几天
准备好

巧克力小圆片
可以在前1晚准备，也可以
提前几天制作，注意需要冷
藏保存

开心果奶油慕斯
需要在蛋糕装盘
当天制作

海绵比斯基
需要提前1晚准备
并冷藏

烘焙贴士

在制作蛋糕的前1晚就要准备好所有蛋糕原料。

在烤制树桩蛋糕的当天制作开心果奶油慕斯，随后对蛋糕进行组装并制作表面装饰（注意：这种树桩蛋糕不需要冷冻保存）。

对于最后的摆盘，您可以将步骤简化：即在蛋糕表面撒上少许开心果或马卡龙碎即可。当然您也可以依照自身喜好改变蛋糕的口味（巧克力、咖啡、香草或纯奶油口味都是不错的选择，您甚至可以制作出柠檬口味的树桩蛋糕，不过需要注意的是，无论用哪一种奶油酱，在使用前都要稍稍搅拌一下，以使其软化）。

对于蛋糕表面的装饰，我们既可以选用和奶油颜色相衬的马卡龙碎，也可以给蛋糕浇上一层淋面。您需要先做出白色的香草淋面酱，然后依据喜好为其染色即可。

配料

1. 卡仕达酱
320毫升全脂牛奶
3克脱脂奶粉
半根香草荚
30克蛋黄
55克细砂糖
30克MAÏZENA®玉米淀粉

2. 海绵比斯基
4 个鸡蛋
120克细砂糖
100克T45面粉
40克杏仁粉
30克融化的黄油

3. 意式蛋白霜
90克+10克细砂糖
（另外的10克砂糖用于二次打发）
60毫升清水
70克蛋清

4. 樱桃酒糖浆
20毫升樱桃白兰地
（您也可以用香草精代替）
100毫升热水
80克细砂糖

5. 黄油淡奶酱
210克卡仕达酱
180克常温黄油
70克意式蛋白霜

6. 开心果奶油慕斯
30克FABBRI®品牌开心果酱
300克卡仕达酱
350克黄油淡奶酱
1小勺绿色食品色素

7. 组装阶段
绿色绒面
巧克力小圆片（使用伊芙瓦白巧克力和绿色可可粉，具体制作方法见第32页）

所需工具

2个长24厘米的树桩蛋糕模具
（不锈钢材质和普通材质各一个）
厨房用温度计
10号裱花嘴及裱花袋
甜品喷砂枪
用于盛放蛋糕的金色纸板

1. 制作卡仕达酱:

在牛奶中加入脱脂奶粉和剖开的香草荚一起煮沸。

将蛋黄加细砂糖打发直到混合物变浓稠, 接着加入玉米淀粉并倒入约1/3之前煮好的牛奶。

将混合物倒回到剩下的牛奶里并重新加热, 直到把奶油酱煮开后关火。

把煮好的奶酱用保鲜膜封口 (以防止水分流失), 随后将其在冰箱冷冻室中放置10分钟, 最后再转移到冷藏室放2小时即可。

2. 制作海绵比斯基:

先将烤箱预热至180摄氏度。

用厨师机高速挡搅拌鸡蛋和细砂糖10~15分钟。

停止搅拌后加入过筛后的面粉和杏仁粉。

一边用刮刀搅拌面糊, 一边转动容器 (沿着一个方向搅拌, 并把面糊从中间位置提起, 反复多次)。

取出部分面糊加到融化的黄油中, 拌匀后再倒入剩下的面糊一起搅拌。

将不锈钢制树桩蛋糕模具表面涂抹黄油并撒上一层面粉, 随后倒入海绵蛋糕面糊烤制20~25分钟 (您也可以用普通烤盘烤制比斯基: 先在尺寸为30厘米×40厘米的烤盘里铺好烘焙纸, 之后倒入面糊使其均匀地覆盖烤盘并使表面平整)。

可以用小刀检验蛋糕是否烤好, 把小刀插入蛋糕中再拔出, 如果刀面干净没有面糊残留, 则说明已经烤好。

3. 制作意式蛋白霜:

将90克细砂糖加到清水里并加热至117摄氏度。

将蛋清打发, 待蛋清呈慕斯状时, 加入10克细砂糖并继续搅拌, 直到蛋白霜变得坚挺。

将制作好的焦糖放在蛋白霜中, 并继续搅拌直至混合物冷却。

取出70克蛋白霜备用, 如果还有剩余, 则可以用保鲜膜封好后放入冷冻室保存, 以便下次使用。

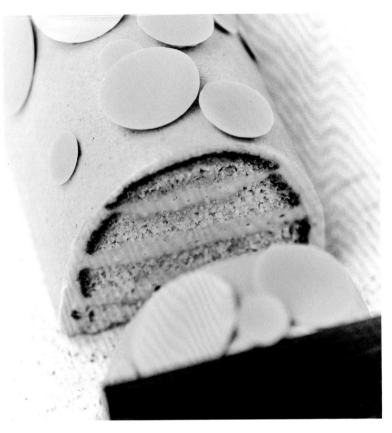

4. 制作樱桃酒糖浆:

将樱桃白兰地、热水和细砂糖倒在一起搅拌, 随后静置一会让细砂糖完全溶化 (其间不时搅拌), 最后等到混合物降至室温即可。

5. 制作黄油淡奶酱:

用打蛋器稍稍搅拌卡仕达酱, 使其软化。将黄油搅拌成奶油状并稍稍加热。

把黄油缓缓倒入奶酱里, 轻轻搅匀后再倒入意式蛋白霜, 最后放置一会儿, 待其降至室温即可。

6. 制作开心果奶油慕斯:

用刮刀稍稍搅拌卡仕达酱, 随后同样将其水浴加热至30摄氏度。

在卡仕达酱中先后加入开心果酱、黄油淡奶酱和少许绿色食品色素并拌匀, 最后放置一会儿待其降至室温。

7. 最后进行各个部分的组装:

将烤好的海绵比斯基沿着水平方向横切成4片。

在另外一个树桩蛋糕模具中先铺上一层Rhodoïd®玻璃纸 (这款树桩蛋糕的 "拼装" 也可以不在模具里完成), 接着在这层玻璃纸上均匀地涂抹一层开心果奶油慕斯。

在模具中放入第一层海绵比斯基, 随后将开心果奶油慕斯填装进裱花袋中, 使用10号裱花嘴将其挤满蛋糕表面并抹平。

接着在这层奶油上再放上一层海绵比斯基, 在这层比斯基上需要先涂抹一层樱桃酒糖浆, 然后按照上一步的方法铺上第二层开心果奶油慕斯。重复以上步骤直到所有的比斯基组装完毕, 之后把蛋糕放入冷冻室1小时。

把蛋糕从冷冻室取出, 脱模后在表面涂上一层软化的开心果奶油慕斯 (为了做到这一点可以对开心果奶油慕斯稍稍水浴加热, 同时用力搅拌)。

把蛋糕再放回冰箱冷冻室1小时, 取出后在表面喷上绿色绒面 (和第128页 "玫瑰诱惑" 的食谱中所使用的绒面一样, 只不过为绿色), 最后再冷藏保存30分钟, 以防止结块。

黑森林

原料准备：5小时
烤制时间：15~20分钟
静置时间：至少1晚
10人份

配料

1. 酒渍樱桃
225克冷冻樱桃
60克细砂糖
35毫升樱桃白兰地酒
5克意大利苦杏酒(Amaretto)

2. 樱桃酒糖浆
150毫升清水
60克细砂糖
30毫升樱桃白兰地

3. 卡仕达酱
160毫升全脂牛奶
半根香草荚
1克脱脂奶粉
15克MAÏZENA®玉米淀粉
25克细砂糖
15克蛋黄

4. 巧克力比斯基
30克细砂糖
15克杏仁酱
5克蜂蜜
45克蛋黄
20毫升热水
15克法芙娜®考维曲巧克力
70克蛋清
30克细砂糖
85克T45面粉
10克法芙娜®纯可可粉

5. 黑巧克力奶油酱
125克全脂鲜奶油
125克全脂牛奶
50克蛋黄
25克细砂糖
120克可可含量66%的法芙娜®加勒比黑巧克力

6. 黑森林奶油
4克吉利丁片
200克卡仕达酱
5克樱桃白兰地
450克打发奶油霜

7. 蛋糕装饰
巧克力刨花和几颗樱桃

所需工具

24厘米的树桩蛋糕模具
厨房用温度计
甜品抹刀

酒渍樱桃
需要提前1周准备并冷藏保存

新鲜樱桃

巧克力刨花
可以提前几天准备好，并保存在密闭容器中。在天气较炎热的夏天，还需要将其放入冰箱冷藏

黑森林奶油
需要当天制作并立即使用

黑巧克力奶油酱
需要当天制作并立即使用

巧克力比斯基
需要至少提前1晚做好，如果是更早之前（如1周前）做好的则需要冷冻保存

烘焙贴士

这款蛋糕的制作可以采用两种方案：

1.提前1~2天准备好巧克力比斯基、卡仕达酱和奶油酱。在食用当天再制作黑森林奶油并完成组装及装饰步骤。

2.您也可以提前把蛋糕全部做好然后冻起来，在蛋糕成形后用保鲜膜严密包裹，并且注意不要添加蛋糕装饰。到食用当天解冻蛋糕后再添加装饰即可。

别忘了在盛放蛋糕时还要在底部垫上一层纸板。

1.制作酒渍樱桃（需要提前制作）：

把所有的配料倒在一起拌匀，盛装在密闭的广口瓶内，放置几天使其入味。

2. 制作樱桃酒糖浆：

在清水中加入细砂糖煮沸，随后加入樱桃白兰地调味即可。

3. 制作卡仕达酱：

在牛奶中加入奶粉和香草荚一起煮沸。将玉米淀粉和细砂糖倒在一起拌匀，接着加入蛋黄打发，再倒入约1/3煮好的牛奶将其稀释。

将混合物倒回剩下的牛奶里并重新加热煮沸1分钟。

把煮好的奶酱用保鲜膜封口（以防止水分流失），随后将其在冰箱冷冻室中放置10分钟，最后再转移到冷藏室放2小时即可。

4. 制作巧克力比斯基：

在搅拌机中加入细砂糖、杏仁酱、蜂蜜和1/4左右的蛋黄，开启搅拌机。待混合物泛白后加入剩下的蛋黄并继续搅拌10分钟。

倒入热水，并将厨师机调至中速搅拌5分钟，随后倒入加热至55摄氏度融化的法芙娜考维曲巧克力（巧克力工艺师和糕点师用来作为原材料的巧克力），并保持中速继续搅拌5分钟。

用细砂糖将蛋清打发，注意保持蛋白霜质地的柔韧和均匀。

把之前做好的巧克力浆倒入蛋白霜中，之后再拌入过筛后的面粉和可可粉。

在烤盘上铺上一层烘焙纸，随后倒入面糊并把表面抹平，用烤箱以170~180摄氏度烤制15~20分钟。

取出烤好的巧克力比斯基，放凉后将其分割成24厘米长，宽度分别为7厘米、5厘米和3厘米长的三片。

5. 制作黑巧克力奶油酱：

把牛奶和鲜奶油倒在一起煮沸。

用细砂糖将蛋黄打发。

将上述两种食材混合并加热至82摄

氏度（做法同英式蛋奶酱）。

最后把奶油酱倒入巧克力中，搅拌均匀后放凉即可。此时做出的奶油酱其实是一种甘纳许（译者注：甘纳许的法语为"ganache"，是一种由巧克力和鲜奶油组成的柔滑的奶油，主要用于夹心巧克力的软心和一些糕点之中）。

6. 制作黑森林奶油：

使用凉水把吉利丁片泡软。

用打蛋器稍稍搅拌卡仕达酱，使其变得光滑。

用文火溶化吉利丁片，随后将其用力拌入奶酱中。最后再借助抹刀拌入樱桃白兰地和打发奶油霜。

7. 进行树桩蛋糕的组装：

先在树桩蛋糕模具内壁附上一层玻璃纸，随后在底层填上2厘米厚的黑森林奶油。

将最小的那块巧克力比斯基放在奶油顶层，接着在表面涂上一层樱桃酒糖浆并倒入黑森林奶油，将其覆盖。往黑森林奶油里塞入几颗酒渍樱桃，并用甜品抹刀把表面抹平。

在黑森林奶油表面放上第二层巧克力比斯基，接着在这层比斯基表面涂上黑巧克力奶油酱。

用最后一层比斯基为蛋糕"封顶"，并在顶部涂上樱桃糖浆。

把树桩蛋糕放入冰箱冷冻3小时，待其成形后将其脱模并翻转正放，在表面撒上巧克力刨花（这同样也是为了遮盖蛋糕表面不平整的地方），最后放上几颗樱桃做装饰即可。

富士山提拉米苏

原料准备：5小时
烤制时间：8~10分钟
静置时间：至少1晚
10人份

巧克力装饰圆片
可以提前1周准备，注意要用保鲜膜封好，并放在凉爽的环境里保存

香缇奶油
需要当天制作当天使用

咖啡比斯基
需要提前1晚做好并冷藏

黑巧克力奶油酱
需要提前1晚准备

提拉米苏奶酱
需要当天制作并当天使用

咖啡奶油酱
需要提前1晚准备

烘焙贴士

这款蛋糕的制作可以采用两种方案：

1.提前1晚准备好比斯基和奶油酱。在食用当天再制作香缇奶油和提拉米苏奶酱并完成组装步骤，之后再放入冰箱冷冻至少3小时再添加装饰，注意在最终食用前需要将蛋糕一直冷藏。

2.您也可以提前把蛋糕全部做好然后冻起来，在蛋糕成形后用保鲜膜严密包裹，注意在这一步还不需要添加香缇奶油。到食用当天解冻蛋糕后再添加装饰即可。

别忘了在盛放蛋糕时还要在底部垫上一层纸板。

配料

1. 咖啡比斯基
120克蛋清
110克细砂糖
4个蛋黄
1勺速溶咖啡粉
110克T45面粉
30克糖霜

2. 咖啡奶油酱
20毫升全脂牛奶
150克全脂鲜奶油
5克现磨咖啡粉
20克细砂糖
1克果胶
35克蛋黄

3. 提拉米苏奶酱
5克吉利片
40克蛋黄
60克细砂糖
150克马斯卡彭奶酪
250克全脂鲜奶油

4. 黑巧克力奶油酱
100克全脂鲜奶油
100毫升全脂牛奶
15克现磨咖啡粉
40克蛋黄
20克细砂糖
100克法芙娜®加勒比黑巧克力

5. 香缇奶油
250克特级全脂鲜奶油
20克细砂糖
1茶匙香草精
1/4根香草荚（磨碎）

6. 咖啡糖浆
100毫升过滤咖啡
35克细砂糖
2克速溶咖啡粉

7. 组装阶段
纯可可粉
巧克力装饰圆片（做法参见第32页）

所需工具

24厘米长的树桩蛋糕模具
甜品刮刀
铁氟龙Téflon®薄膜
4厘米宽的沟槽模具或小蛋糕模具
漏勺
厨房用温度计
Rhodoïd®塑料纸
硬纸板（用于盛装蛋糕）

1.制作咖啡比斯基：

在通风状态下把烤箱预热至180摄氏度。

将蛋清加细砂糖打发，接着往蛋白霜里加入蛋黄和速溶咖啡粉拌匀，最后再用刮刀拌入面粉。

在烤盘里铺上一层Téflon®薄膜，然后倒入约6毫米厚的面糊并用甜品抹刀抹平，撒上糖霜。

烤制8~10分钟后取出并在烤架上放凉，接着再把烤好的比斯基转移到烘焙纸上，最后将其切成等长且宽度分别为8厘米和5厘米的两片。

2. 制作咖啡奶油酱：

把牛奶、鲜奶油和现磨咖啡粉一起倒入锅中并用中火煮沸。

将混合液中的咖啡渣滤掉，再把细砂糖和果胶拌在一起，随后把咖啡牛奶倒入其中拌匀。

将混合液再次煮沸，关火后拌入打发后的蛋黄（蛋黄加细砂糖，打发至发白即可），最后将奶油酱倒入小的沟槽模具中，用保鲜膜封好并放入冰箱冷冻备用。

3. 制作提拉米苏奶酱：

用凉水把吉利丁片泡软，并在蛋黄中加入细砂糖并打发。

把吉利丁片放入锅中加热溶化，随后再把吉利丁液倒入蛋黄中，继续搅拌直到其呈现慕斯状。

将鲜奶油和马斯卡彭奶酪倒在一起，随后倒入打发的蛋黄，用力搅拌均匀。

4. 制作黑巧克力奶油酱：

把牛奶和鲜奶油倒在一起煮沸，随后加入咖啡粉，静置10分钟，待其入味后滤掉咖啡渣备用。

用细砂糖将蛋黄打发，接着将其倒入第2步里的咖啡奶油酱中并加热至82摄氏度（做法同英式蛋奶酱）。

最后再把奶酱倒入巧克力中，搅拌均匀后放凉即可。此时做出的奶油酱其实是一种甘纳许。

5. 制作香缇奶油：

把盛鲜奶油的容器放入冰水浴中冷却。打发鲜奶油，当奶油开始变厚时加入细砂糖、香草碎和香草精并继续搅拌。

待奶油霜成形后停止搅拌并冷藏。

6. 制作咖啡糖浆：

将配料表中的食材混在一起拌匀即可。

7. 进行蛋糕的组装：

先在树桩蛋糕模具内壁附上一层玻璃纸或烘焙纸，随后在内壁抹上2厘米厚的提拉米苏奶酱。

用12毫米口径的裱花嘴在奶油表面挤出两条平行的奶油酱。

在奶油酱表面放上一层5厘米宽的比斯基，压实后再涂上一层咖啡糖浆并放入冰箱冷冻。

接着在冻硬的糖浆上先后挤上一层黑

巧克力奶油酱和咖啡奶油酱，抹平表面后再摆上第二层（8厘米宽的）比斯基，并在比斯基上浸满咖啡糖浆。把蛋糕冷冻1晚，脱模后在外部抹上一层香缇奶油，用刮刀做出一个尖顶（如图示），随后在表面撒上可可粉。

摆盘阶段，先在比树桩蛋糕略大的底板上抹上少许奶油酱（这么做是为了防止蛋糕放上去后滑动），小心地把树桩蛋糕摆在中央，并插上巧克力装饰圆片做装饰。

蒙布朗

原料准备：2小时

烤制时间：2小时20分钟左右

10人份

配料

1. 香草月牙面饼
20克细砂糖
¼根香草荚
60克软化黄油
70克T45面粉
15克杏仁粉
15克榛子粉
1茶匙香精

2. 烤蛋白
3个鸡蛋（仅取蛋清）
100克细砂糖
100克糖霜

3. 栗子泥细条
250克栗子酱
250克栗子奶油
500克栗子泥
10克朗姆酒

4. 香缇奶油
300毫升全脂鲜奶油
20克细砂糖
1茶匙香草精
2克吉利丁片

5. 组装阶段
冻栗子
金箔片
椰香烤蛋白
饼干棒若干

所需工具
装有口径分别为8毫米及10毫米裱花嘴的裱花袋
小孔裱花嘴（用于制作栗子泥细条）

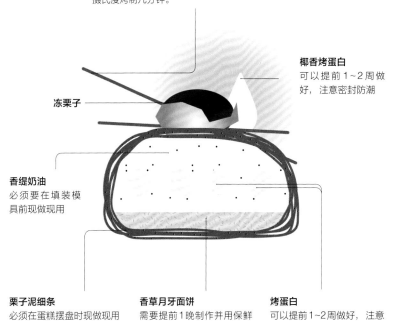

饼干棒
可以当天制作，也可以提前准备好（注意密封冷藏保存）。如果饼干棒变软了，可以放回烤箱用150摄氏度烤制几分钟。

椰香烤蛋白
可以提前1~2周做好，注意密封防潮

冻栗子

香缇奶油
必须要在填装模具前现做现用

栗子泥细条
必须在蛋糕摆盘时现做现用

香草月牙面饼
需要提前1晚制作并用保鲜膜封好冷藏保存

烤蛋白
可以提前1~2周做好，注意密封并置于干燥处保存

烘焙贴士

制作这款蛋糕时需要提前做好烤蛋白，并在食用前1晚烤好香草月牙面饼、做好香缇奶油和栗子泥细条，食用当天进行摆盘和装饰，并冷藏保存。

别忘了在盛放蛋糕时还要在底部垫上一层纸板。

3. 制作栗子泥细条：

把栗子酱、栗子奶油和栗子泥混合（这三种配料虽然都是用栗子做成，但是在口味和甜度上有很大区别），随后再倒入朗姆酒拌匀。

注意：栗子泥细条如果用不完可以冷冻起来，下次接着使用。

4. 制作香缇奶油：

用凉水把吉利丁片泡软。

把鲜奶油倒入冰水浴容器中隔水冷却。

将奶油打发，当奶油开始变厚时加入细砂糖和香草精并继续搅拌。

待奶油霜成形后停止搅拌，并将吉利丁片加热煮化。

往吉利丁液中先倒入40克打发的奶油霜，之后再把这部分吉利丁液倒回剩下的奶油霜里拌匀。

5. 组装阶段及蛋糕装饰制作：

用口径为8毫米的裱花嘴在香草月牙面饼上挤满香缇奶油，摆上几颗烤蛋白，接着再挤上一层香缇奶油将其盖住，最后用奶油霜封顶。

把蛋糕放入冰箱冷冻15分钟（这么做是为了方便接下来的步骤）。

将栗子泥装入裱花袋中并换用小孔裱花嘴，之后将栗子泥横竖交叉地挤在蛋糕表面，并用热水烫过的小刀将多余的栗子泥细条斩断。

最后摆上各种装饰组件即可。

1. 制作香草月牙面饼

将烤箱预热至170摄氏度，并将细砂糖和香草荚放入厨师机里一起搅拌。

将香草味砂糖过筛后加到黄油、面粉、杏仁粉、榛子粉和香草精中，用勺子压成泥。

将面团擀成厚约5毫米、宽约7厘米、长约24厘米的面饼。

烤制时间至少需要20分钟。

2. 制作烤蛋白：

将烤箱预热至160摄氏度。

在蛋清中加入少许细砂糖打发，待蛋白霜稍稍变厚时再倒入剩下的细砂糖，继续搅拌直到蛋白霜足够坚挺并能够附着在打蛋器上。

直接把糖霜撒进蛋白霜里，并用刮板拌匀。

把蛋白霜填装进裱花袋，并使用10毫米口径的裱花嘴在烤盘里（事先铺上一层烘焙纸）挤出两条长约24厘米的平行长条。

把烤箱的温度调至130摄氏度并放入蛋白霜烤制10分钟，接着再把温度降到90摄氏度并烤制2小时。

烤蛋白做好的标志是其内部被完全烤干，待其冷却后将其置于干燥处保存即可（使用时如果发现烤蛋白有些变软，可以放回烤箱用100摄氏度的文火烤几分钟）。

红粉佳人流心蛋糕

原料准备：5小时

烤制时间：30分钟左右

静置时间：1小时30分钟

8~10人份

烤蛋白
需要提前1晚准备

巧克力装饰板

樱桃酒奶油慕斯
需要提前1晚做好并冷藏

海绵比斯基
需要提前1到2天做好
并冷藏

杏仁糖泥
需要在食用前1晚做好，
并用色素上色

烘焙贴士

这款蛋糕的制作可以采用两种方案：

1. 提前1晚准备好比斯基和卡仕达酱。在食用当天再制作樱桃酒奶油慕斯、杏仁糖泥并完成装饰。

2. 您也可以提前把蛋糕全部做好然后冻起来，在蛋糕成形后用保鲜膜严密包裹，到食用当天解冻蛋糕（在冷藏室里放至少3小时后），再卷上杏仁糖泥，添加装饰件即可。

别忘了在盛放蛋糕时还要在底部垫上一层纸板。

配料

1. 卡仕达酱
320毫升全脂牛奶
3克脱脂奶粉
半根香草荚
30克蛋黄
55克细砂糖
30克MAÏZENA®玉米淀粉

2. 海绵比斯基
4个蛋黄
2个整鸡蛋
120克细砂糖
（另准备50克用于打发蛋清）
10克转化糖浆
（如果没有则可用砂糖代替）
3克甜品乳化剂（选用）
30克杏仁酱
120克蛋清
130克T45面粉
50克土豆淀粉
1小勺盐

3. 低糖意式蛋白霜
100克细砂糖
（另准备10克用于打发蛋清）
60毫升清水
70克蛋清

4. 樱桃利口酒糖浆
30毫升樱桃白兰地
（一定要选用纯正阿尔萨斯产地的
40度白兰地，谨防假冒！）
80毫升热水
70克细砂糖

5. 轻黄油奶酱
210克卡仕达酱
180克常温特级黄油
70克低糖意式蛋白霜
（注意一定要称重准确）

6. 樱桃酒奶油慕斯
30毫升樱桃白兰地
300克卡仕达酱
350克轻黄油奶酱
1滴红色食用色素

7. 蛋糕组装及摆盘
350克粉色杏仁糖泥
少许糖霜（防止蛋糕粘在底板上）
小块烤蛋白（做法见第34页）
几滴红色食品色素
PCB 巧克力装饰板

所需工具

24厘米或26厘米长的树桩蛋糕模具
厨房用温度计
金色硬纸板（用于盛装蛋糕）
口径为6毫米和10毫米的裱花嘴
带螺纹或方格纹的擀面杖
甜品抹刀

1. 制作卡仕达酱：

在牛奶中加入奶粉和香草荚（切成两段）一起煮沸。

将玉米淀粉和细砂糖倒在一起拌匀，接着加入蛋黄打发，再倒入约1/3煮好的牛奶将其稀释。

将混合物倒回剩下的牛奶里并重新加热煮沸1分钟。

把煮好的卡仕达酱用保鲜膜封口（以防止水分流失），随后将其在冰箱冷冻室中放置10分钟，最后再转移到冷藏室放2小时即可。

2. 制作海绵比斯基：

先将烤箱预热到180摄氏度。

在容器中打入4个蛋黄、2个整鸡蛋和120克细砂糖打发，接着加入转化糖浆、甜品乳化剂和软化的杏仁酱一起搅拌。

在蛋清中加入50克细砂糖并将其打发，直至蛋白霜变得坚挺。

将面粉和土豆淀粉过筛备用。

将上面做好的三种原料混在一起，加1小勺盐并用力搅拌均匀。

把做好的面糊倒进树桩蛋糕模具中，并根据蛋糕的大小烤制约30分钟。

蛋糕完全冷却后，沿着水平方向将其横切成3片备用。

3. 制作低糖意式蛋白霜：

将100克细砂糖加到清水里并加热至117摄氏度。

将蛋清打发，待蛋白呈慕斯状时，加入10克细砂糖并继续搅拌，直到蛋白霜变得坚挺。

将做好的焦糖放在蛋白霜中并继续搅拌直至混合物冷却。

取出70克蛋白霜备用，如果还有剩余，则可以用保鲜膜封好后放入冷冻室保存，以便下次使用。

4. 制作樱桃利口酒糖浆：

将樱桃白兰地、细砂糖和热水混合并搅拌，待糖完全溶解后放凉即可。

5. 制作轻黄油奶酱

用打蛋器稍稍搅拌卡仕达酱，使其软化。

稍稍加热黄油并将其打发。

接着加入卡仕达酱和意式蛋白霜，搅拌均匀后置于室温下保存。

6. 制作樱桃酒奶油慕斯：

将樱桃白兰地水浴加热至30摄氏度。

用刮刀稍稍搅拌卡仕达酱，随后将其水浴加热至30摄氏度。

在卡仕达酱中倒入白兰地酒，接着加入轻黄油奶酱并滴入少许红色食用色素拌匀，最后在室温下放凉即可。

7. 组装及摆盘阶段：

把比斯基平放在垫板上并在表面涂满樱桃利口酒糖浆。

用10毫米口径的裱花嘴在比斯基表面挤满樱桃酒奶油慕斯并盖上第二层比斯基。重复以上步骤，之后再进行同样的操作两次，并在半成品蛋糕表面覆盖上一层樱桃酒奶油慕斯。

将半成品蛋糕放入冰箱冷冻1小时，取出后再放入冷藏室半小时以防止其结块。

接着制作杏仁糖泥：先在工作台上撒上一层糖霜，然后把杏仁糖泥擀成2~3毫米厚（注意要用带螺纹或方格纹的擀面杖，这样可以在外壳上印出花纹）。

把蛋糕取出后先用杏仁糖泥将其卷起来，再用二次打发的樱桃酒奶油慕斯在糖壳表面挤出花朵形状，最后用烤蛋白以及PCB巧克力板装饰即可。

原料准备：5小时

烤制时间：40~50分钟

静置时间：数小时

（注意这款蛋糕的某些部分需要提前1晚做好）

配料

1. 葡萄柚打发甘纳许
3克吉利丁片
100毫升葡萄柚果汁
葡萄柚的皮屑
5克葡萄糖浆
半根香草荚
120克法芙娜®伊芙瓦白巧克力
200克全脂鲜奶油

2. 香草香缇奶油
300克全脂鲜奶油
20克细砂糖
半根波旁香草

3. 千层酥皮
300克酥皮面团（做法见第38页）
适量糖霜

4. 奶油泡芙
100毫升清水
100毫升全脂牛奶
2克食盐
2克细砂糖
100克黄油
（多准备一些用来涂抹烤盘）
100克面粉
（多准备一些用来撒在烤盘上）
200克蛋液
糖霜

5. 卡仕达酱
250毫升全脂牛奶
1根香草荚
60克蛋黄
60克细砂糖
25克MAÏZENA®玉米淀粉
25克新鲜黄油
5克樱桃白兰地酒

6. 卡仕达轻奶酱
30克全脂鲜奶油
280克卡仕达酱

7. 糖渍葡萄柚
1颗葡萄柚
（和熬煮后葡萄柚等重的）细砂糖
1大匙石榴糖浆
1滴红色色素

8. 焦糖酱
400克细砂糖
150毫升清水
100克葡萄糖浆
（也可以用1茶匙柠檬汁或蜂蜜代替）
草莓红色素

所需工具

厨房用温度计
8毫米及12毫米口径平滑口裱花嘴
圣奥诺黑裱花嘴2

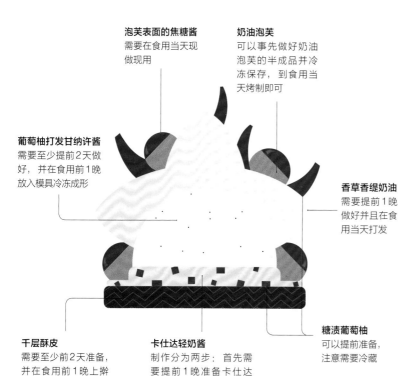

泡芙表面的焦糖酱
需要在食用当天现做现用

奶油泡芙
可以事先做好奶油泡芙的半成品并冷冻保存，到食用当天烤制即可

葡萄柚打发甘纳许酱
需要至少提前2天做好，并在食用前1晚放入模具冷冻成形

香草香缇奶油
需要提前1晚做好并且在食用当天打发

千层酥皮
需要至少提前2天准备，并在食用前1晚上擀好放入冰箱冷藏醒发，到食用当天烤制

卡仕达轻奶酱
制作分为两步：首先需要提前1晚准备卡仕达酱，接着在食用当天再将其做成"轻奶酱"

糖渍葡萄柚
可以提前准备，注意需要冷藏

烘焙贴士

这款树桩蛋糕中的泡芙和千层酥皮都可以提前一两天、甚至几天准备好，只需要将其冷冻并且在食用当天烤制即可，注意烤好之后还需要先放凉才能进行之后的装饰摆盘步骤。

卡仕达酱要在食用前1晚开始准备，因为做好以后需要至少冷藏1晚才能得到最佳的口感。

在食用当天，还需要先把卡仕达酱和打发的奶油霜混合，静置1小时后再使用，做好的蛋糕直到最终食用前都需要冷藏保存。

别忘了在盛放蛋糕时还要在底部垫上一层纸板。

1. 提前1晚做好葡萄柚打发甘纳许：

用凉水把吉利丁片泡软。

将葡萄柚果汁、葡萄糖浆和香草荚倒入锅中并用中火熬煮一会儿，关火后接着加入沥干后的吉利丁片和少许葡萄柚的皮屑，并稍稍搅拌。

分三次将混合液倒入白巧克力中并不停搅拌，待其完全冷却后再加入鲜奶油，之后再将其放入冰箱冷藏1晚。

第二天将甘纳许打发，注意不要打发过度，否则酱会水油分离！最后把甘纳许倒入模具中冷冻成形。

2. 提前1晚准备香草香缇奶油：

在锅中倒入约占配料表中指示用量1/4的鲜奶油、细砂糖和香草碎，并将它们一起熬煮，接着再把混合液倒回剩下的凉奶油中。

把香缇奶油用保鲜膜封好并放入冰箱冷藏1晚，以使香草完全入味。

3. 制作千层酥皮：

将烤箱预热至220摄氏度。

将酥皮面团擀成约28厘米长、12厘米宽、3毫米厚的面饼，在烤盘里垫上一层烘焙纸并把面饼平铺其中。

在面饼表面撒上一层糖霜，再拿一个烤盘压在上面以防止面饼受热后卷曲。

用烤箱烤制20~25分钟，随后取出面饼并将其翻面，在背面也撒上糖霜然后放回烤箱直至糖霜烤至焦黄。随时观察烤箱内情况，注意不能把面饼烤焦。最后将烤好的千层酥皮放在烤架上放凉即可。

4. 制作奶油泡芙：

将烤箱预热至180摄氏度。注意要干烤而不能用通风模式，否则泡芙就会内陷。

在锅中加入清水、牛奶、细砂糖、食盐和切成小块的黄油并用中火熬煮，等到黄油完全融化且混合物均匀受热后关火。接着加入面粉并不断搅拌直至得到质地均匀的面糊。

用中火稍稍加热面糊30秒（这是为

了烤干其中的水分），其间还需要不停搅拌。当面糊不再粘在锅内壁时关火，并将其倒在另一个容器中备用。

往面糊中缓缓加入蛋液，并继续搅拌，最终得到的泡芙面糊应当稠度适中。

在烤盘上抹上黄油，撒上面粉，用裱花袋装填面糊并用8毫米的花嘴挤出直径约3厘米大小的泡芙团，注意在每个泡芙间留足空隙以防止它们相互粘连，接着在表面再撒上一层糖霜。把泡芙放入烤箱烤制20~25分钟，其间可以观察到面糊逐渐膨胀，但注意千万不能在烤制过程中打开烤箱门！等到泡芙完全烤好后取出，并放在烤架上冷却。

5. 制作卡仕达酱：

在牛奶中加入奶粉和香草荚一起煮沸。将玉米淀粉和细砂糖倒在一起拌匀，加入蛋黄打发，接着将其倒回牛奶中并再次煮沸。

在卡仕达酱中拌入黄油，待其冷却至30摄氏度左右时用保鲜膜封口，并将其在冰箱冷冻室中放置10分钟，之后再转移到冷藏室。

最后往卡仕达酱里倒入樱桃白兰地，用打蛋器稍稍搅拌后在阴凉处静置1小时左右即可。

6. 制作卡仕达轻奶酱：

将鲜奶油和上一步中的卡仕达酱分别打发，取出少许打发后的卡仕达酱备用，再把剩下的卡仕达酱和奶油霜混合。

7. 糖渍葡萄柚：

将葡萄柚洗净削皮，并把果皮切成小薄片（可以留约1毫米厚的果肉）。

煮一锅开水，倒入葡萄柚果皮熬2分钟，之后滤掉开水并用凉水洗净果皮，重复这一过程7~8次，注意每次煮完都要用凉水把锅洗刷干净。

沥干果皮后对其称重，随后加入和果皮等重的细砂糖、1大勺石榴糖浆和红色色素一起熬煮，直到把水分蒸干

且葡萄柚果皮呈透明状即可（如果糖浆已经蒸干但果皮还没有变透明的话，可以加少许水继续熬煮）。

8. 制作焦糖酱：

在厚底锅中加细砂糖、清水、草莓红色素和葡萄糖浆（或柠檬汁）并熬煮糖浆。待糖浆温度达到约155摄氏度且变为焦黄色后关火，随后把整个锅放入冷水中稍稍冷却即可。

9. 组装及摆盘：

用竹签插着泡芙并蘸上热的焦糖酱，随后轻轻甩几下把多余的糖浆甩掉。对着泡芙吹几口气（或用小的吹风机），接着将泡芙蘸有焦糖酱的一面朝下悬空晾干，这样做出来的焦糖表面会更平滑且不会粘在泡芙的四周。

等到泡芙完全晾干后，用小刀在底部切一个小口并灌入卡仕达酱，之后再把泡芙沿着千层酥皮的边缘依次摆放（也可以先在上面涂一些奶油或者焦糖酱作为黏合剂）。

在泡芙围成的千层酥皮中央抹上一层卡仕达轻奶酱并在其中加入少许糖渍葡萄柚，接着放上冻成形的葡萄柚甘纳许，并用圣奥诺黑裱花嘴在表面挤上香草香缇奶油块。

最后在蛋糕顶部摆上几颗泡芙并撒上糖渍葡萄柚做装饰即可。

香草拿破仑

原料准备：3 小时（不计入制作酥皮面团的时间）

烤制时间：20~25分钟

静置时间：2小时35分钟

10人份

配料

1. 卡仕达酱
500毫升全脂牛奶
5克奶粉
1根香草荚
45克蛋黄
80克细砂糖
45克 MAÏZENA® 玉米淀粉

2. 外交官奶油
3克吉利丁片
200克全脂鲜奶油

3.（拿破仑）千层酥皮
400克酥皮面团（做法见第38页）
60克香草细砂糖
（将砂糖和香草碎均匀混合即可）
50克糖霜
装饰用糖粉

所需工具
厨房用温度计
12毫米口径的平滑口裱花嘴

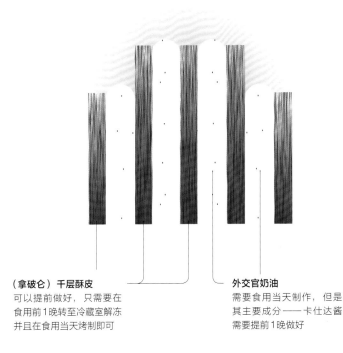

（拿破仑）千层酥皮
可以提前做好，只需要在食用前1晚转至冷藏室解冻并且在食用当天烤制即可

外交官奶油
需要食用当天制作，但是其主要成分——卡仕达酱需要提前1晚做好

烘焙贴士

这款蛋糕的组装和摆盘步骤必须在食用当天进行。

千层酥皮可以提前一两天、甚至几天准备好，只需要将其冷冻并且在食用当天烤制即可。

卡仕达酱要在食用前1晚开始准备，因为做好以后需要至少冷藏1晚才能得到最佳的口感。

在食用当天，还需要先把卡仕达酱和打发的奶油霜混合，静置1小时后再使用（这样可以让奶油更坚挺），做好的蛋糕直到最终食用前都需要冷藏保存。

别忘了在盛放蛋糕时还要在底部垫上一层纸板。

1. 制作卡仕达酱：

在牛奶中加入奶粉和切成两段的香草荚一起煮沸。

将玉米淀粉和细砂糖倒在一起拌匀，加入蛋黄打发，接着将其倒回牛奶并再次煮沸。

将卡仕达酱迅速冷却至10摄氏度左右，做法是用保鲜膜将卡仕达酱连同容器一起包裹，并在冰箱冷冻室中放置约20分钟，之后再转移到冷藏室放半小时即可。

2. 制作外交官奶油：

用凉水把吉利丁片泡软。

将鲜奶油倒入大碗中并用打蛋器打发，接着把上一步中做好并已经完全冷却的卡仕达酱打发。

将吉利丁片沥干并用微波炉加热烤化，随后分三次把打发的卡仕达酱加到吉利丁液中，注意过程中需要不停搅拌。

往混合液中接着加入打好的奶油，并用刮刀拌匀，最后把做好的外交官奶油在阴凉处放置约1小时，以使其稍稍变硬。

3. 制作（拿破仑）千层酥皮：

将烤箱预热至180摄氏度。

将酥皮面团擀成2~3毫米厚的面饼并静置至少1小时，待其醒发，随后在烤盘里垫上烘焙纸并把面饼平铺其中。

在面饼表面撒上一层香草细砂糖，然后再垫上一层烘焙纸并用烤盘或烤架压实。

将面饼放入烤箱烤制20~25分钟，烤制七成熟左右取出并切成五块，尺寸分别为：30厘米×5厘米的两块、30厘米×7厘米的两块以及30厘米×10厘米的一块。酥皮上掉落的碎屑不要丢掉，可以用来制作最后的装饰。

在酥皮表面撒上糖霜，然后把它们放在烤架上并回炉继续烤一会儿，注意要随时观察烤箱内情况，不能把酥皮烤焦。最后将烤好的酥皮放凉即可。

4. 组装及摆盘阶段：

将最宽的酥皮平放在烤盘上，用裱花袋在表面挤出四团奶油，接着摆上一层7厘米宽的酥皮并把蛋糕立起来。

在另外一块7厘米宽的酥皮表面也挤上四团奶油并将其粘在另一边。

随后在另外两块5厘米宽的酥皮表面抹上奶油并接着粘在蛋糕的两边。

最后把烤完剩下的酥皮揉碎撒在蛋糕表面，把蛋糕放入冰箱冷冻15分钟左右。

食用前在蛋糕上再撒上一层糖霜和装饰糖粉（不同于糖霜，装饰糖粉不会溶化！）

小贴士： 您还可以在这款树桩蛋糕顶部贴上一条白色翻糖，并在中央用黑巧克力画出一条细线（如图所示），以模仿传统拿破仑表面的花纹效果。

榛子奶油松树蛋糕

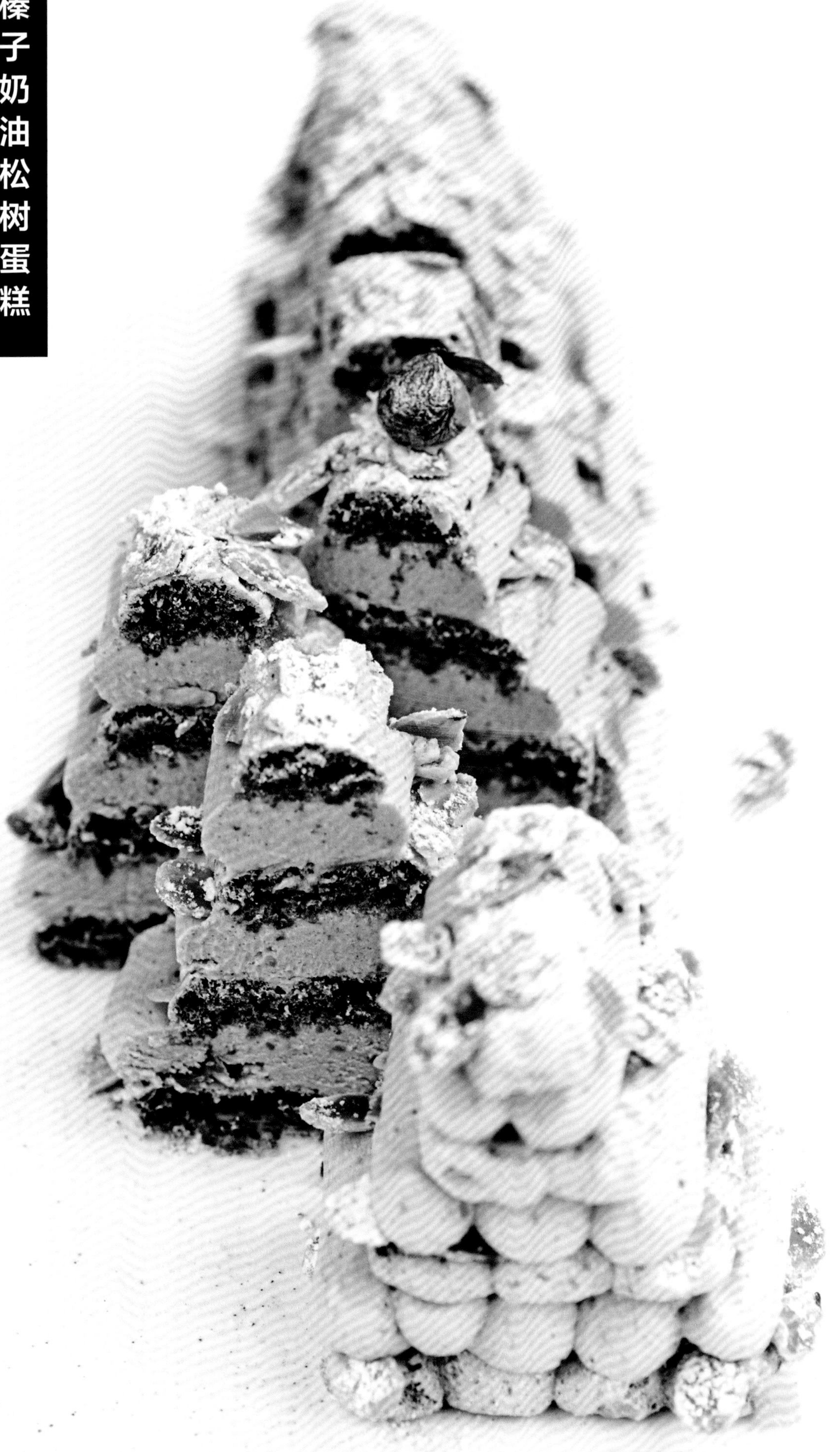

榛子奶油松树蛋糕

原料准备：4 小时

烤制时间：1 小时

静置时间：至少1小时

尺寸：长约25厘米

配料

1. 卡仕达酱

320毫升全脂牛奶
半根香草荚
3克脱脂奶粉
30克蛋黄
50克细砂糖
30克MAÏZENA®玉米淀粉

2. 榛子奶油蛋白饼

250克蛋清
200克细砂糖
120克榛子粉
120克糖霜
1克香草粉
40克烤蛋白碎屑
（做法在之前的食谱中有介绍）
100克杏仁碎

3. 低糖意式蛋白霜

80克+10克细砂糖
（另外的10克砂糖用于二次打发）
50毫升清水
60克蛋清

4. 轻黄油奶酱

170克卡仕达酱
150克软化黄油
70克低糖意式蛋白霜

5. 特浓榛子慕斯

85克卡仕达酱
300克轻黄油奶酱
55克榛子夹心巧克力
（可可含量40%或60%）
50克榛子帕林内（praliné）酱
90克打发鲜奶油霜

6. 蛋糕的组装摆盘

杏仁碎
1颗金色榛子
糖霜或装饰糖粒

所需工具

口径分别为10毫米和12毫米的平滑口
裱花嘴
厨房用温度计

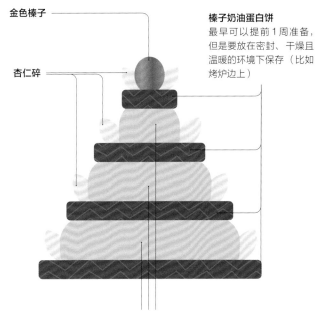

金色榛子

杏仁碎

榛子奶油蛋白饼
最早可以提前1周准备，
但是要放在密封、干燥且
温暖的环境下保存（比如
烤炉边上）

特浓榛子慕斯
需要在组装蛋糕前制作，但是用来
制作慕斯的卡仕达酱则需要在前1天
做好，并且在冰箱里冷藏1晚

烘焙贴士

这款蛋糕的制作可以采用两种方案：

1.提前1-2天准备好蛋白饼、卡仕达酱，然后在食用当天制作榛子慕斯并
完成拼装及装饰步骤。

2.您也可以提前把蛋糕全部做好然后冻起来，在蛋糕成形后用保鲜膜严密包
裹，并且注意不要添加蛋糕装饰。到食用当天解冻蛋糕后再添加装饰即可。

别忘了在盛放蛋糕时还要在底部垫上一层纸板。

1. 制作卡仕达酱：

牛奶中加入奶粉和切成两段的香草荚一起煮沸。

将玉米淀粉和细砂糖倒在一起拌匀，加入蛋黄打发，接着将其倒回牛奶并再次煮沸。

注意加热时需要不停搅拌，关火后静置1小时放凉即可。

2. 制作榛子奶油蛋白饼：

将烤箱预热至150摄氏度。

在蛋清中加少许细砂糖打发，等到蛋白霜开始变坚挺时再拌入剩下的细砂糖。

接着往蛋白霜里加入榛子粉、糖霜、香草粉和烤蛋白碎屑，并用刮刀拌匀。在烤盘上铺上一层烘焙纸，用12毫米的裱花嘴在其中分别挤出25厘米长的一条、两条并列、三条并列和四条并列的面糊（如图所示的饼底形状），并在表面撒上杏仁碎和糖霜。

把蛋白饼放入烤箱烤1小时，注意在烤至约五成熟时将其翻面，蛋白饼烤好后需要在烤架上放凉后再使用。

3. 准备低糖意式蛋白霜：

将80克细砂糖加到清水里并加热至117摄氏度。

将蛋清打发，待蛋白呈慕斯状时，加入10克细砂糖并继续搅拌，直到蛋白霜变得坚挺。

将烤制后的焦糖放在蛋白霜中并继续搅拌直至混合物冷却。

取出70克蛋白霜备用，如果还有剩余，则可以用保鲜膜封好后放入冷冻室保存，以便下次使用。

4. 制作轻黄油奶酱：

用小打蛋器稍稍搅拌卡仕达酱使其软化，再一边加热一边把黄油打发。把热黄油倒进卡仕达酱中，接着再倒入意式蛋白霜拌匀，在室温下放凉即可。

5. 准备特浓榛子慕斯：

打发凉的卡仕达酱，以赋予其平滑和绵密的质感。

用打蛋器把轻黄油奶酱打发，如果发现奶酱已经凝固了可以先稍稍加热一会儿。接着加入榛子夹心巧克力和榛子帕林内酱。

把第一步中的卡仕达酱倒入混合物中并搅拌直到其呈现膏状。如果混合物过软，可以把它放到冰箱中冷藏一会儿，如果过硬则可以稍稍加热，注意需要不断搅拌。

最后再往混合物中拌入打发鲜奶油霜并在室温下放凉即可。

6. 蛋糕的组装及摆盘：

松树蛋糕的第一层由四条并列拼接的榛子奶油蛋白饼组成，您还需要用10毫米的裱花嘴在这层蛋白饼表面挤上五条同样并列的奶油慕斯。

紧接着摆上3条并列的蛋白饼，并用同样的方法在这一层挤上三条奶油慕斯，之后把蛋糕放入冰箱冷藏一会儿（把奶油冻硬）。

取出蛋糕，摆上第三层蛋白饼（两条并列）并相应地挤上两条慕斯，再将整个蛋糕放入冰箱冷冻30分钟。把最后一层蛋白饼摆放在蛋糕顶部（可以用少许榛子慕斯充当黏合剂），再用少许慕斯和杏仁碎做装饰（这样也是为了遮盖蛋糕表面有瑕疵的地方），撒上糖霜（不会遇水溶化的）或装饰用糖粒，最后在顶部摆上1颗金色榛子即完成。

飞叶可可

原料准备时间：4小时

烤制时间：40分钟左右

静置时间：1小时

10人份

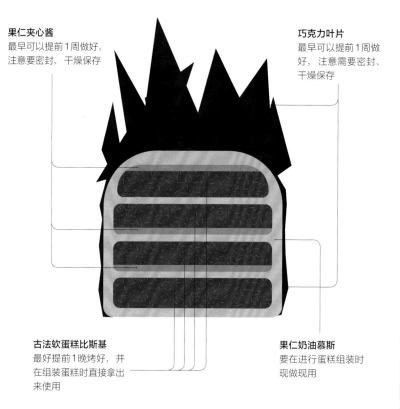

果仁夹心酱
最早可以提前1周做好，
注意要密封、干燥保存

巧克力叶片
最早可以提前1周做
好，注意需要密封、
干燥保存

古法软蛋糕比斯基
最好提前1晚烤好，并
在组装蛋糕时直接拿出
来使用

果仁奶油慕斯
要在进行蛋糕组装时
现做现用

配料

1. 果仁夹心酱及果仁糖粉
30克碧根果
30克腰果
30克开心果
40克榛子
30克杏仁
120克细砂糖

2. 古法软蛋糕比斯基
80克黄油
（稍稍多准备一些用于涂抹模具）
30克杏仁酱
4个蛋黄
180克细砂糖
（分成120克和60克两份）
2个整蛋
30毫升温水
120克蛋清
130克T45面粉
（稍稍多准备一些撒在模具上）
2克泡打粉
10克纯可可粉
40克核桃粉
40克果仁夹心

3. 意式蛋白霜
70毫升清水
160克细砂糖
100克蛋清

4. 果仁奶油慕斯
200克软化黄油
90克榛子酱
40克开心果酱
60克果仁焦糖粉
20克烤开心果碎
60克果仁夹心酱

5. 香草糖浆
150毫升清水
60克细砂糖
半根香草荚
1茶匙香草精

6. 巧克力叶片
250克可可含量61%的黑巧克力

7. 装饰
装饰巧克力板

所需工具

24厘米尺寸的树桩蛋糕模具
硅胶垫
厨房用温度计
Rhodoïd®塑料纸
甜品抹刀
裱花袋

烘焙贴士

———

这款蛋糕的制作可以采用两种方案：

1.提前1晚准备好比斯基、果仁夹心酱和巧克力叶片，然后在食用当天制作
果仁奶油慕斯并完成拼装及装饰步骤。

2.您也可以提前把蛋糕全部做好然后冻起来，在蛋糕成形后用保鲜膜严密包
裹，并且注意不要添加蛋糕装饰。到食用当天解冻蛋糕（将蛋糕转移到冷
藏室放置至少3小时）后再添加装饰即可。

别忘了在盛放蛋糕时还要在底部垫上一层纸板。

1. 制作果仁夹心酱及果仁糖粉：

将烤箱预热至170摄氏度。

在烤盘上垫上一层烘焙纸，倒入所有干果并烤制十几分钟，接着搓揉杏仁去掉其表皮。

在锅中倒入60克细砂糖并用中火熬煮，注意需要不停搅拌。当细砂糖开始溶化并且变色时，倒入剩下的细砂糖，继续搅拌直至焦糖均匀着色后关火。把果仁碎倒进锅中用力翻炒，使果仁表面都裹上焦糖，随后再把炒好的焦糖果仁摊在硅胶垫上放凉。

待焦糖完全冷却后，先用搅拌机将其磨成粗粉状，称出两份60克的果仁糖粉备用，之后重新启动搅拌机把剩下的果仁糖粉打成膏状（即果仁夹心酱）。

2.（食用前1晚）制作古法软蛋糕比斯基：

将烤箱预热至180摄氏度。

用小火烤化黄油直至其呈现榛果色，随后保存备用。

接着把烤箱或微波炉加热后的杏仁酱和蛋黄放入搅拌机中，边搅拌边倒入蛋黄。

蛋黄完全拌匀后再加入120克细砂糖，并逐个打入鸡蛋，用搅拌机高速挡继续搅拌，最后倒入温水备用。

往蛋清中加入60克细砂糖并将其打发成坚挺的蛋白霜备用。

将蛋白霜和杏仁蛋黄霜拌在一起，接着将面粉、泡打粉和可可粉过筛并加入核桃粉，最后把混合粉倒入前一步做好的混合物里拌匀。

取出少许面糊加到温热的黄油中，往其中加入40克的果仁夹心酱拌匀，之后再把这部分混合物倒入剩余的面糊里。

在树桩蛋糕模具内壁抹上黄油并撒上面粉，倒入5厘米深的面糊，放入烤箱烤30分钟。

3. 准备意式蛋白霜：

在锅中加入清水和细砂糖并加热至120摄氏度，随后再把糖浆倒入微打发的蛋白中，最后等待混合物放凉即可。

4. 制作果仁奶油慕斯：

用打蛋器用力搅拌膏状黄油（这么做是为了往其中注入空气），接着加入榛子酱、开心果酱、果仁糖粉、果仁夹心酱和开心果碎拌匀。

接着往混合物中加入意式蛋白霜并用刮刀搅拌，这样可以使得奶油慕斯质感更加轻盈。

5. 制作香草糖浆：

只需要把配料表中的所有食材一起放入锅中煮沸，之后放置在室温下冷却即可。

6. 制作巧克力叶片：

用水浴加热法将巧克力块融化，在此过程中需要不停搅拌直到巧克力温度达到50摄氏度且拥有光滑的质感。在干燥凉爽的案板上（大理石材质为佳），把融化后的巧克力倒出3/4左右，用刮刀反复刮铲，直到其温度降至28~29摄氏度。

把降温后的巧克力倒进一个容器，接着一点点倒入之前剩下的热巧克力，不停搅拌并随时监测温度，当巧克力温度达到31~32摄氏度时调温完成，此时就不能继续倒入热巧克力了。

如果在制作其他蛋糕部件时不小心把巧克力放凉了，也可以对其进行二次加热，不过最好使用烤箱而不是微波炉。

最后用抹刀把巧克力在塑料纸上摊开做成叶片的形状，待其凝固后放入冰箱冷藏。

7. 蛋糕的组装及摆盘：

将烤好的软蛋糕比斯基沿着水平方向横切成三层，接着在第一层比斯基上涂抹一层香草糖浆，再抹上一层果仁奶油慕斯。

盖上第二层比斯基，重复以上操作后再用第三层比斯基"封顶"。

用果仁奶油慕斯涂抹整个蛋糕表面（注意不要全部用完，还需要留一些备用），随后把蛋糕放入冰箱冷藏至少1小时使其成形。

将成形的蛋糕取出，抹上少许果仁奶油慕斯，并在表面贴上巧克力叶片（可以先用加热后的刮刀贴在蛋糕表面一小会儿，这样这一区域融化的奶油就可以充当巧克力和蛋糕间的黏合剂），最后在蛋糕两端各放上一块装饰巧克力板即可（做法见第30页）。

巧克力篇

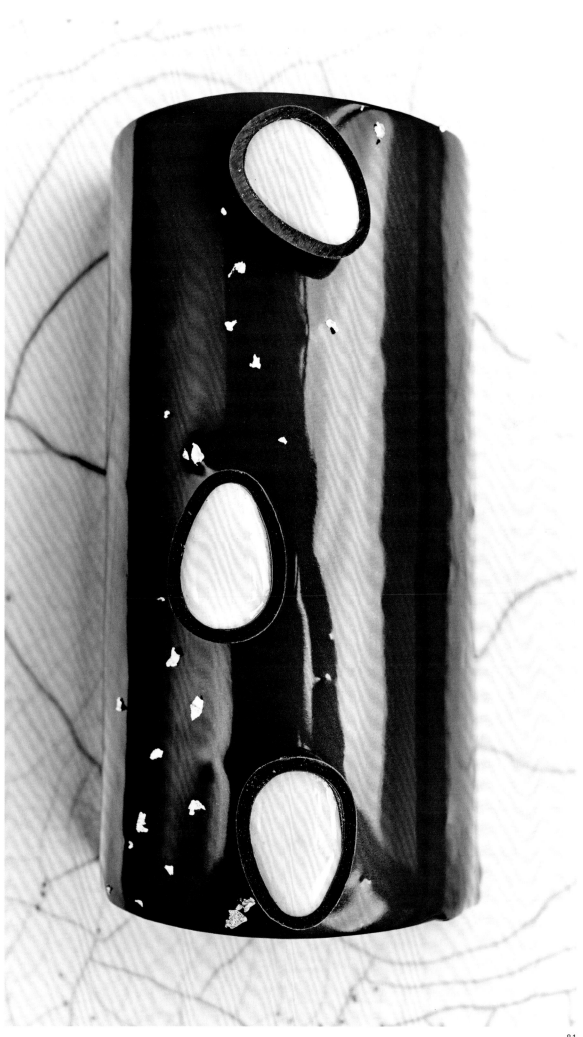

浓情香蕉巧克力

原料准备时间：5小时
烤制时间：15~20分钟
静置时间：至少1晚
10人份

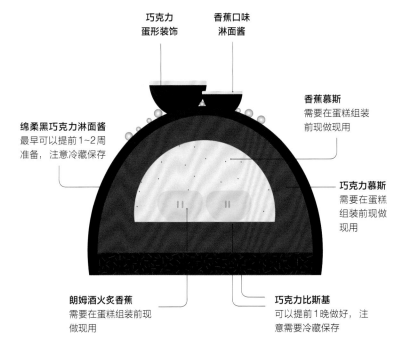

巧克力蛋形装饰

香蕉口味淋面酱

香蕉慕斯
需要在蛋糕组装前现做现用

绵柔黑巧克力淋面酱
最早可以提前1~2周准备，注意冷藏保存

巧克力慕斯
需要在蛋糕组装前现做现用

朗姆酒火炙香蕉
需要在蛋糕组装前现做现用

巧克力比斯基
可以提前1晚做好，注意需要冷藏保存

配料

1. 巧克力比斯基
30克细砂糖
15克吕贝克杏仁酱
5克蜂蜜
50克蛋黄
20毫升热水
15克法芙娜®特浓黑巧克力
70克蛋清
30克细砂糖
85克T45面粉
10克法芙娜®纯可可粉

2. 香蕉慕斯
3克吉利丁片
125克香蕉果泥
55克细砂糖
12克柠檬汁
160克打发奶油霜

3. 巧克力慕斯
295克法芙娜®圭那亚考维曲巧克力
40克黄油
275克蛋清
75克细砂糖

4. 朗姆酒火炙香蕉
2根香蕉
20克红糖
10克黄油
1/4个柠檬（榨汁）
约1瓶盖朗姆酒

5. 香蕉口味淋面酱
75克葡萄糖
125克杏子酒
125克透明果胶
半根香蕉
50克香蕉利口酒
0.5克钛白粉

6. 绵柔黑巧克力淋面酱
200克法芙娜®加勒比黑巧克力
150克全脂鲜奶油
400克果胶

7. 蛋糕装饰
巧克力蛋形装饰（切成两半）

所需工具

24厘米长的树桩蛋糕模具
厨房用温度计
4~5厘米宽的沟槽模具
Rhodoïd®塑料纸
甜品刮刀
比蛋糕尺寸稍大的垫板

烘焙贴士

这款蛋糕的制作可以采用两种方案：

1.提前1晚准备好比斯基和淋面酱，在食用当天制作朗姆酒火炙香蕉、巧克力慕斯和香蕉慕斯，接着完成拼装步骤，并将蛋糕冷冻至少3小时后再浇注淋面、添加装饰，注意直到食用前蛋糕都要冷藏。

2.您也可以提前把蛋糕全部做好然后冻起来，在蛋糕成形后用保鲜膜严密包裹，并且注意不要添加蛋糕装饰。到食用当天，取下保鲜膜并直接在冻硬的蛋糕上浇注淋面酱，最后添加装饰即可。

别忘了在盛放蛋糕时还要在底部垫上一层纸板。

1. 制作巧克力比斯基：

将细砂糖、吕贝克杏仁酱、蜂蜜和3/4左右的蛋黄倒进厨师机中搅拌，待混合物泛白后接着加入剩下的蛋黄并继续搅拌10分钟。

倒入热水并把厨师机调至中速接着搅拌5分钟。

将黑巧克力用水浴加热法融化并使其升温至55摄氏度，然后把巧克力倒入厨师机中再搅拌5分钟。

在蛋清中加细砂糖打发（注意打出的蛋白霜要保持柔软均匀的质感），接着小心地把厨师机中的混合物倒入蛋白霜中，最后再将面粉和可可粉过筛并拌入其中。

在烤盘上铺一层烘焙纸，倒入面糊，然后用170~180摄氏度烤制15~20分钟。

等烤好的蛋糕比斯基放凉后将其切成长度均为24厘米、宽度分别为5厘米和8厘米的两块备用。

2. 制作香蕉慕斯：

用凉水把吉利丁片泡软备用。

在香蕉果泥中加入细砂糖和柠檬汁拌匀。将吉利丁片沥干并用文火溶化，接着倒入拌好的果泥并将混合物加热至30摄氏度左右。

往混合物中拌入打好的奶油霜，注意此时的混合物十分脆弱，需要十分小心，不能让奶油霜塌陷。

在沟槽状模具的内壁上贴一层塑料纸（这样会使脱模更加容易），随后倒入半成品香蕉慕斯并放入冰箱冷冻。如果没有沟槽模具，也可以使用直径24厘米左右的一般蛋糕模具替代，注意在倒入奶油前同样需要先在模具表面附上一层保鲜膜。

3. 制作巧克力慕斯：

将巧克力和黄油分别水浴加热至55摄氏度，使它们融化，接着将二者的混合物倒入稍稍打发（还未成形）的蛋白霜中，最后拌入细砂糖并放凉备用。

4. 朗姆酒火炙香蕉：

香蕉剥皮后切成约1厘米厚的条状，接着在其表面淋上柠檬汁并放入热锅中裹上黄油和红糖。

在锅中倒入朗姆酒并点燃，完成火炙后把香蕉放凉备用。

5. 制作香蕉口味淋面酱：

用中火熬煮葡萄糖，接着加入杏子酒、透明果胶、香蕉果肉和利口酒，最后再加入钛白粉并搅拌均匀即可。淋面酱需要保存至最后的装盘阶段使用。

6. 制作绵柔黑巧克力淋面酱：

先用刮刀将鲜奶油和黑巧克力均匀混合做成甘纳许，接着倒入事先加热至60摄氏度的果胶拌匀即可。

7. 蛋糕组装及装盘：

在树桩蛋糕模具内壁上贴一层塑料纸或保鲜膜，并在表面抹上一层2厘米厚的巧克力慕斯。

接着把冻好的香蕉慕斯填入巧克力慕斯形成的凹槽中，再依次摆好火炙香蕉块并用慕斯填平表面。

将5厘米宽的比斯基摆在顶部，把剩下的巧克力慕斯抹在其表面，然后再放上第二层8厘米宽的比斯基压实。将蛋糕放入冰箱冷冻1晚，第二天把冻好的蛋糕从模具中脱出，取下保鲜膜并将其放置在烤架上。

在蛋糕表面浇上巧克力淋面酱，注意事先要把淋面酱加热至35~40摄氏度并轻轻搅拌。这么做是为了增加淋面酱的流动性，注意搅拌时钩爪要完全伸到淋面酱里面，以防止在其中混入空气。

摆盘阶段，先在比树桩蛋糕略大的底板上抹上少许淋面酱做黏合剂（这么做是为了防止蛋糕放上去后滑动），小心地把树桩蛋糕摆在中央，最后在蛋糕顶部摆上香蕉淋面的巧克力蛋作为装饰。

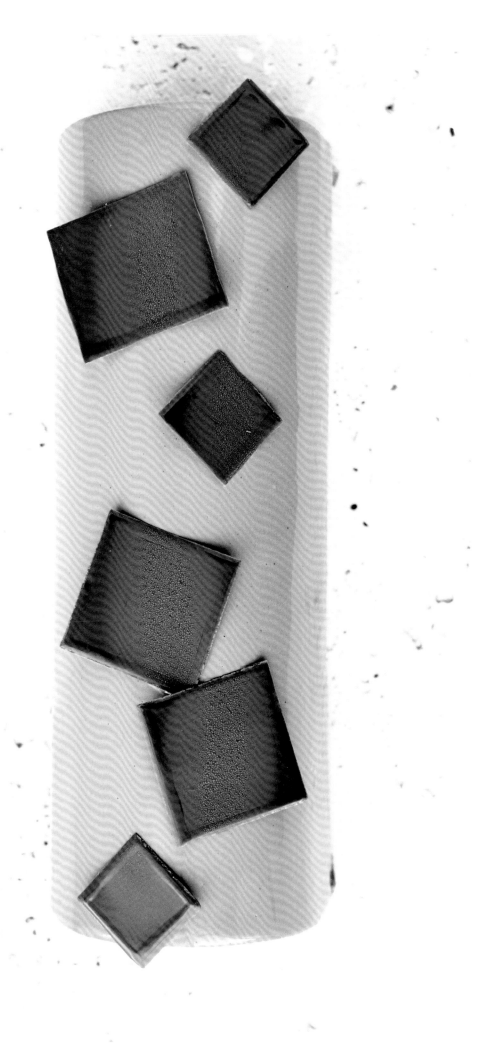

神秘蓝莓

原料准备时间：4小时

烤制时间：12分钟

静置时间：至少2小时

10人份

配料

1. 特浓巧克力比斯基
45克蛋黄
75克蛋液
75克细砂糖
90克蛋清
25克面粉
25克纯可可粉

2. 蓝莓果泥
100克野生黑莓
150克野生蓝莓
70克细砂糖
4克NH果胶

3. 牛奶巧克力慕斯
220克吉瓦那牛奶巧克力
（法芙娜牌）
45克全脂牛奶
45克全脂鲜奶油
20克蛋黄
7克细砂糖
180克全脂鲜奶油

4. 巴旦杏仁糖浆
50毫升清水
45克浓缩巴旦杏仁糖浆
10克橙花水

5. 白巧克力淋面酱
10克吉利丁片
75毫升清水
150克细砂糖
150克葡萄糖
100克炼乳
75克可可含量40%的考维曲巧克力
75克白巧克力
1克粉状白色色素或钛白粉

6. 蛋糕摆盘
50克吉瓦那牛奶巧克力（法芙娜牌）
糖霜
紫色巧克力片（做法见第30~33页）

所需工具

长24厘米、宽8厘米的树桩蛋糕模具
甜品抹刀
裱花袋以及14号裱花嘴

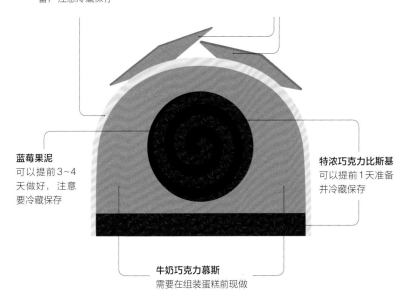

白巧克力淋面酱
可以提前1~2周准备，注意冷藏保存

紫色巧克力片
可以提前1~2周做好，注意需要放在12~17摄氏度的干燥环境下保存

蓝莓果泥
可以提前3~4天做好，注意要冷藏保存

特浓巧克力比斯基
可以提前1天准备并冷藏保存

牛奶巧克力慕斯
需要在组装蛋糕前现做

烘焙贴士

这款蛋糕的制作可以采用两种方案：

1. 先提前几天做好装饰用的紫色巧克力片，提前2天开始制作巧克力比斯基，到食用前1天制作蛋糕的巧克力卷夹心、蓝莓果泥和白巧克力淋面酱，最后到食用当天制作牛奶巧克力慕斯并把蛋糕各部分填入模具，冷冻3小时后为蛋糕浇上淋面并加上装饰，注意直到食用前这款蛋糕需要一直冷藏。

2. 提前把树桩蛋糕的各部分填入模具然后冷冻保存：注意要用保鲜膜将蛋糕严密包裹，到食用当天为其浇上淋面酱并添加装饰即可。

别忘了在盛放蛋糕时还要在底部垫上一层纸板，同时最好使用野生的鲜果（黑莓和蓝莓）。

和用鲜奶油打发的奶油霜倒在一起，搅拌均匀后放置备用。

4. 制作巴旦杏仁糖浆：
将所有配料倒在一起拌匀即可。

5. 制作白巧克力淋面酱：
用凉水把吉利丁片泡软。

在锅中倒入清水、细砂糖和葡萄糖，加热煮沸1分钟，关火后再往糖浆中加入炼乳和沥干后的吉利丁片。

分三次加入切碎且半融化的考维曲巧克力，接着再加入粉状白色色素，用力搅拌约20秒即可。

6. 蛋糕入模及摆盘：
把巧克力比斯基平放在一张烘焙纸上，在表面均匀地抹上一层巴旦杏仁糖浆。

用14号裱花嘴在比斯基表面挤上蓝莓果泥并抹平。

用烘焙纸将巧克力比斯基卷起来，然后放入冰箱冷冻1小时。

在树桩蛋糕模具内壁上贴上一层保鲜膜，倒入200克牛奶巧克力慕斯并冷冻约10分钟。

继续倒入100克牛奶巧克力慕斯并将其抹在模具的内壁上，把冻好的巧克力卷放入其中，之后再用牛奶巧克力慕斯将其盖住。

在模具顶部摆上另外一块巧克力比斯基，撒上少许糖霜，随后把半成品蛋糕放入冰箱冷冻。

最后把冻好的蛋糕脱模，浇上白巧克力淋面酱并用紫色巧克力片装饰即可。

1. 制作特浓巧克力比斯基：
用对流模式将烤箱预热至180摄氏度。

将45克蛋黄、75克蛋液和50克细砂糖混合并打发。

在蛋清中加入25克细砂糖并打发成蛋白霜。

将可可粉和面粉均匀混合后过筛。

取出约一半的蛋白霜加到第一步中制作的蛋黄混合物中拌匀，接着再加入另一半的蛋白霜和干料，搅拌均匀。

倒335克面糊到30厘米×40厘米的烤盘中至1厘米深，随后用抹刀把面糊表面抹平。

把面糊放入烤箱烤制12分钟。烤好后将其分别切成24厘米×25厘米和24厘米×8厘米的两块。

2. 制作蓝莓果泥：
将黑莓和蓝莓洗净备用。

将鲜果放入锅中，加热至40摄氏度，接着加入细砂糖和果胶并把混合物捣烂，拌匀后再加热煮开。

取少许果泥放入冰箱冷冻几分钟，以检验其是否已经胶化。

3. 制作牛奶巧克力慕斯：
用水浴加热的方法融化巧克力。

用牛奶、鲜奶油、蛋黄和细砂糖制作英式蛋奶酱，再把奶酱加热至80摄氏度。

把热的奶酱倒入融化的吉瓦那牛奶巧克力中，并用力拌匀。

将混合物放凉至30摄氏度左右后再

詹姆斯巧克力坊

原料准备时间：5小时

烤制时间：10~12分钟

静置时间：至少1晚

10人份

配料

1. 萨赫比斯基

3个鸡蛋
80克杏仁酱
30克糖霜
25克黄油
30克细砂糖
25克T45面粉
25克纯可可粉

2. 巧克力蛋黄慕斯（萨芭雍）

200克全脂鲜奶油
135克可可含量60%~70%的黑巧克力
55克细砂糖
2汤匙清水
1个鸡蛋
2个蛋黄

3. 巧克力甘纳许

250克可可含量70%的黑巧克力
300克全脂鲜奶油
60克软化黄油

4. 朗姆酒糖浆

80克细砂糖
100毫升清水
40毫升朗姆酒

5. 超柔黑巧克力淋面酱

150毫升全脂鲜奶油
200克加勒比巧克力（法芙娜牌）
400克镜面果胶

6. 巧克力珠装饰

所需工具

24厘米长的树桩蛋糕模具
厨房用温度计
甜品抹刀
Rhodoïd®塑料纸
树桩蛋糕垫板

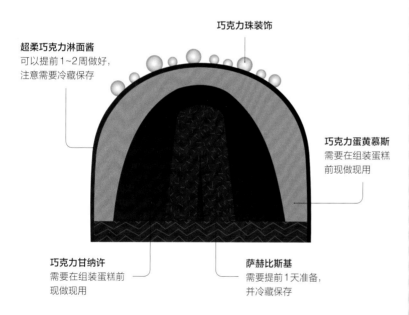

超柔巧克力淋面酱
可以提前1~2周做好，注意需要冷藏保存

巧克力珠装饰

巧克力蛋黄慕斯
需要在组装蛋糕前现做现用

巧克力甘纳许
需要在组装蛋糕前现做现用

萨赫比斯基
需要提前1天准备，并冷藏保存

烘焙贴士

这款蛋糕的制作可以采用两种方案：

1. 在食用前1晚制作萨赫比斯基和超柔黑巧克力淋面酱。第二天制作巧克力蛋黄慕斯并将蛋糕各"部件"填入模具中，冷冻3小时后再浇注淋面（浇淋面时蛋糕要处于冷冻的状态）并添加装饰，注意直到食用前蛋糕都要冷藏保存。

2. 提前把树桩蛋糕的各部分组装好然后冷冻：注意要用保鲜膜将蛋糕严密包裹，到食用当天为其浇上淋面酱并添加装饰即可。

别忘了在盛放蛋糕时还要在底部垫上一层纸板。

1. 制作萨赫比斯基：

将烤箱预热至200摄氏度。

取2个鸡蛋并将蛋黄蛋清分离。

用厨师机混合杏仁酱和糖霜，接着依次打入2个蛋黄和1个整鸡蛋，继续搅拌直到混合物泛白。

加热把黄油融化。

分多次往蛋清中加入细砂糖并将其打发，取出1/3的蛋白霜倒入杏仁蛋黄霜中拌匀，接着再加入过筛后的面粉和可可粉，并倒入剩下的蛋白霜和放凉的黄油，稍稍搅拌后得到均匀的面糊。

把面糊倒在20厘米×30厘米的烘焙纸上，把烤箱的温度降至180摄氏度并将面糊烤制10~12分钟。

2. 制作巧克力蛋黄慕斯：

把冰奶油倒入冰的容器中（事先将盛装奶油的容器冷冻30分钟），并用打蛋器打发，先用低速，之后逐渐加快，直到奶油霜足够坚挺，且能够附着在打蛋器上不滴落为止。

用小刀或厨师机把巧克力切成碎屑，并用水浴加热的方式将其融化成温热的巧克力浆。

在锅中倒入细砂糖和清水，加热把糖浆煮开。

另取一个大碗，倒入鸡蛋蛋黄并稍稍搅拌，接着把煮沸的糖浆倒入其中并用电动打蛋器打发，直到蛋黄霜呈现出轻慕斯的质感时停止。

把融化的巧克力浆倒进混合物中，再加入凉的奶油霜，搅拌均匀后冷藏保存。

3. 制作巧克力甘纳许：

用小刀或厨师机把巧克力切成碎屑。

把奶油煮开，接着把热奶油分两次倒进巧克力碎中，过程中不停搅拌。继续往混合物中加入黄油，静置30分钟待其回到室温即可。

4. 制作朗姆酒糖浆：

把细砂糖倒入热水中并加热将其溶化，放凉后再倒入朗姆酒拌匀即可。

5. 制作超柔黑巧克力淋面：

往锅里倒入鲜奶油并加热煮沸，接着把热奶油倒进巧克力碎中，并用刮刀将混合物拌匀。

把镜面果胶加热到70摄氏度左右，然后将其也一起倒入巧克力中。

用打蛋器搅拌混合物，注意要把打蛋器放到液面以下防止产生气泡。

6. 蛋糕的组装及摆盘：

切出两块6厘米×25厘米尺寸的萨赫比斯基，在其中一块的表面涂抹一层朗姆酒糖浆，待其被完全吸收后再抹上250克巧克力甘纳许。

把另一块比斯基盖在这层甘纳许夹心上，接着在这层比斯基表面也抹上一层朗姆酒糖浆，并抹上少许巧克力甘纳许。

把蛋糕饼冷藏30分钟，随后把它翻

面并在另外一边也抹上薄薄的一层甘纳许。

把蛋糕各边抹平，然后放进冰箱冷冻，待其冻硬后再沿着甘纳许夹心的对角线方向把蛋糕切成两块等大的三角柱。

在树桩蛋糕模具内壁上贴上一层塑料纸或保鲜膜，并在表面抹上一层2厘米的巧克力蛋黄慕斯。

把第一步做好的比斯基塞进凹槽中（如图所示），用剩下的蛋黄慕斯填满模具中的空隙，并把顶部抹平。

把蛋糕放入冰箱冷冻1晚，第二天脱模后再浇上巧克力淋面。

装盘阶段，先在比树桩蛋糕略大的底板上抹上少量甘纳许（这么做是为了防止蛋糕放上去后滑动），小心地把树桩蛋糕摆在中央，最后再用巧克力珠作装饰即可。

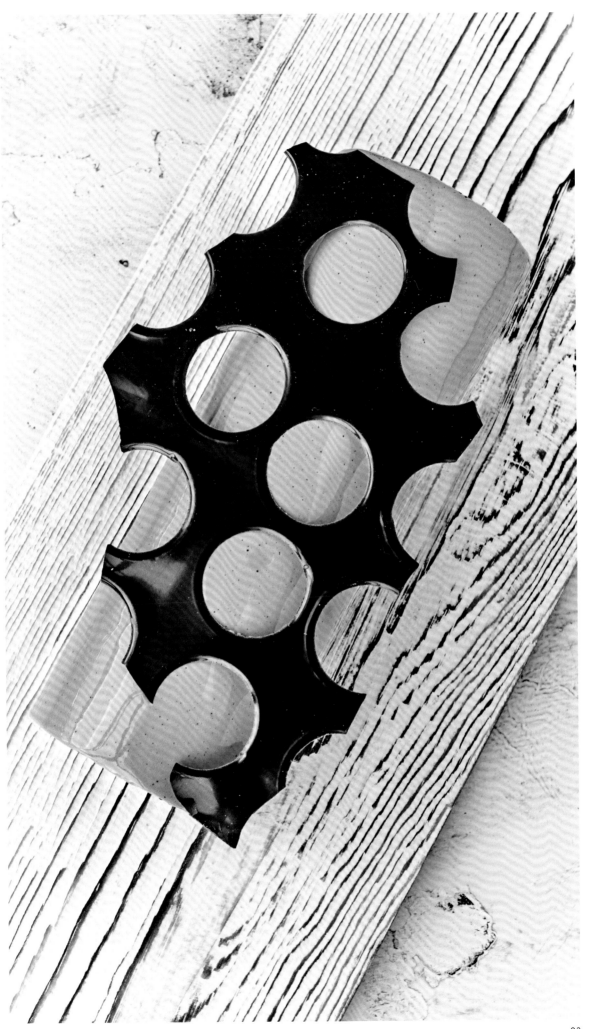

榛子咖啡蛋糕

原料准备时间：5 小时

烤制时间：25~27分钟

静置时间：至少1晚

10人份

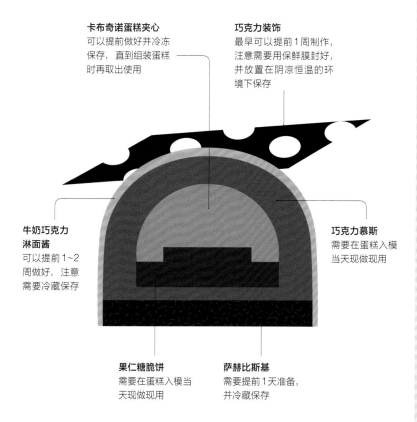

卡布奇诺蛋糕夹心
可以提前做好并冷冻保存，直到组装蛋糕时再取出使用

巧克力装饰
最早可以提前1周制作，注意需要用保鲜膜封好，并放置在阴凉恒温的环境下保存

牛奶巧克力淋面酱
可以提前1~2周做好，注意需要冷藏保存

巧克力慕斯
需要在蛋糕入模当天现做现用

果仁糖脆饼
需要在蛋糕入模当天现做现用

萨赫比斯基
需要提前1天准备，并冷藏保存

烘焙贴士

这款蛋糕的制作可以采用两种方案：

1. 在食用前1晚制作萨赫比斯基、卡布奇诺蛋糕夹心、牛奶巧克力淋面酱和果仁糖脆饼，第二天制作巧克力慕斯并将蛋糕各"部件"填入模具中，冷冻3小时后再浇注淋面（浇淋面时蛋糕要处于冷冻的状态）并添加装饰，注意直到食用前蛋糕都要冷藏保存。

2. 提前把树桩蛋糕的各部分组装好然后冷冻：注意要用保鲜膜将蛋糕严密包裹，到食用当天为其浇上淋面酱并添加装饰即可。

别忘了在盛放蛋糕时还要在底部垫上一层纸板。

配料

1. 咖啡奶油
45克咖啡豆
225克全脂鲜奶油

2. 萨赫比斯基
3个鸡蛋
80克吕贝克杏仁酱
30克糖霜
25克黄油
30克细砂糖
25克T45面粉
15克纯可可粉
10克黑巧克力

3. 卡布奇诺蛋糕夹心
3克吉利丁片
75克全脂鲜奶油
3克速溶咖啡
5克转化糖浆
10克葡萄糖
115克吉瓦那巧克力（法芙娜牌）
10克可可脂

4. 果仁糖脆饼
20克伊芙瓦牛奶巧克力（法芙娜牌）
100克榛子帕林内糊
20克脆片饼干
20克焦糖杏仁碎（或酥皮碎）
1克现磨咖啡粉

5. 巧克力慕斯
200毫升全脂鲜奶油
135克可可含量60%~70%的黑巧克力
55克细砂糖
2汤匙清水
1个鸡蛋
2个蛋黄

6. 牛奶巧克力淋面酱
10克吉利丁片
80毫升清水
150克细砂糖
150克葡萄糖
100克炼乳
75克可可含量40%牛奶考维曲巧克力
75克白巧克力
1克粉状白色色素或钛白粉
适量褐色色素

7. 咖啡糖浆
25克细砂糖
25毫升清水
50克意式浓缩咖啡
2克速溶咖啡

8. 装饰
见第30~33页食谱

所需工具

24厘米长的树桩蛋糕模具
小型沟槽状模具
面粉筛
甜品抹刀
Rhodoïd®塑料纸
树桩蛋糕垫板

1. 提前1晚制作咖啡奶油：

把烤箱预热至150摄氏度。

把咖啡豆平铺在烤盘上烤制15分钟，放凉后再把它们倒进奶油里。

用保鲜膜将装奶油的容器封口，放入冰箱冷藏1晚，最后把咖啡豆滤掉即可。

2. 制作萨赫比斯基：

将烤箱预热至200摄氏度。

取2个鸡蛋并将蛋黄蛋清分离。

用厨师机混合杏仁酱和糖霜，接着依次打入2个蛋黄和一整个鸡蛋，继续搅拌直到混合物泛白。

加热把黄油融化。

分几次往蛋清中加入细砂糖并将其打发，取出1/3的蛋白霜倒入杏仁蛋黄霜中拌匀，接着再加入过筛后的面粉及可可粉，并倒入剩下的蛋白霜和放凉的黄油，稍稍搅拌以做出均匀的面糊。

把面糊倒在20厘米×30厘米的烘焙纸上，把烤箱的温度降至180摄氏度并将面糊烤制10~12分钟。

3. 制作卡布奇诺蛋糕夹心：

用凉水把吉利丁片泡软。

往75克鲜奶油里加入速溶咖啡、转化糖浆和葡萄糖，加热后再倒入沥干的吉利丁，把混合物放在一边备用。

往巧克力中一点一点地加入融化的可可脂，拌匀后即为光滑的甘纳许酱。

把咖啡奶油加到巧克力甘纳许中，不停搅拌几秒钟，最后再把混合物倒入沟槽模具中冷冻。

4. 果仁糖脆饼：

用水浴加热的方式把各式巧克力融化。把各种巧克力倒在一起，然后再加入其他配料搅拌均匀。

把混合物抹在塑料纸上4~5毫米厚，然后在表面再贴上一层塑料纸，并放入冰箱冷冻成形。

5. 制作巧克力慕斯：

把冰奶油倒入冰的容器中（事先将

盛装奶油的容器冷冻30分钟），并用打蛋器打发，先用低速，之后逐渐加快，直到奶油霜足够坚挺，且能够附着在打蛋器上不滴落为止。

用小刀或厨师机把巧克力切成碎屑，并用水浴加热的方式将其融化成温热的巧克力酱。

把清水和细砂糖倒入锅里煮开。

另取一个大碗，倒入蛋黄并稍稍搅拌，接着把煮沸的糖浆倒入其中并用电动打蛋器打发，直到蛋黄霜呈现出轻慕斯的质感时停止。

把融化的巧克力酱倒进混合物中，再加入凉的奶油霜，搅拌均匀后在室温下保存。

6. 制作牛奶巧克力淋面酱：

用凉水把吉利丁片泡软。

把巧克力用水浴加热的方法稍稍融化。在锅中倒入清水、细砂糖和葡萄糖并煮沸1分钟，接着加入炼乳和沥干的吉利丁片，注意需要不停搅拌。

将糖浆分三次倒入半融化的巧克力

中，然后加入白色和褐色的色素，搅拌20秒钟，待淋面酱颜色均匀后储存备用。

7. 制作咖啡糖浆：

将所有配料混合并稍稍加热，搅拌均匀后再用漏勺过滤即可。

8. 入模和装饰步骤：

先在树桩蛋糕模具内壁上贴上一层塑料纸，接着在模具中抹上一层5厘米厚的巧克力慕斯，然后把冻硬的卡布奇诺蛋糕夹心放进凹槽中。

继续用少许巧克力慕斯盖住蛋糕夹心的表面，抹平后再分别叠上果仁糖脆饼和萨赫比斯基，最后把组装好的蛋糕放入冰箱冷冻至成形。

将蛋糕取出并脱模，之后浇注牛奶巧克力淋面酱，稍稍放置一会儿后再添加表面装饰。

装盘阶段，先在比树桩蛋糕略大的底板上抹上少许慕斯酱（这么做是为了防止蛋糕放上去后滑动），再小心地把树桩蛋糕摆在中央即可。

巧克力渐层

原料准备时间：4 小时

烤制时间：10~12分钟

静置时间：1晚

10人份

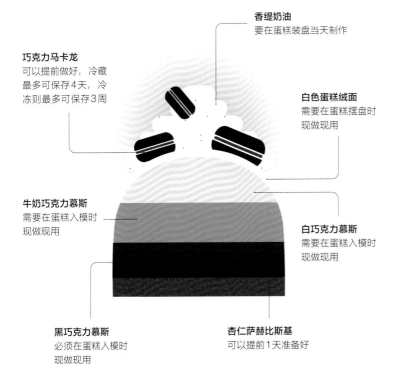

香缇奶油
要在蛋糕装盘当天制作

巧克力马卡龙
可以提前做好，冷藏
最多可保存4天，冷
冻则最多可保存3周

白色蛋糕绒面
需要在蛋糕摆盘时
现做现用

牛奶巧克力慕斯
需要在蛋糕入模时
现做现用

白巧克力慕斯
需要在蛋糕入模时
现做现用

黑巧克力慕斯
必须在蛋糕入模时
现做现用

杏仁萨赫比斯基
可以提前1天准备好

配料

1. 杏仁萨赫比斯基
3个鸡蛋
80克杏仁酱
30克糖霜
25克黄油
30克细砂糖
25克面粉
25克纯可可粉

2. 香草可可糖浆
80毫升清水
35克细砂糖
半根香草荚（剖开刮籽）
5克纯可可粉

3. 炸弹面糊
70克细砂糖
40毫升清水
70克蛋黄

4. 黑巧克力慕斯
60克加勒比考维曲巧克力（法芙娜牌）
12克巧克力酱（法芙娜牌）
155克（打发的）奶油慕斯
50克炸弹面糊

5. 牛奶巧克力慕斯
1克吉利丁片
75克吉瓦那考维曲巧克力（法芙娜牌）
120克奶油慕斯
50克炸弹面糊

6. 白巧克力慕斯
1克吉利丁片
70克伊芙瓦考维曲巧克力（法芙娜牌）
12克可可脂（法芙娜牌）
120克奶油慕斯
50克炸弹面糊

7. 香缇奶油
200克全脂鲜奶油
15克细砂糖
半根波旁香草

8. 蛋糕摆盘
可可脂喷雾
巧克力马卡龙

所需工具

24厘米树桩蛋糕模具
甜品抹刀
厨房用温度计
不锈钢刮铲
蛋糕垫板
圣奥诺黑花嘴（及裱花袋）

烘焙贴士

这款蛋糕的制作可以采用三种方案：

1. 提前1晚准备好所有原料，到蛋糕入模当天将慕斯打发，并完成装饰步骤。

2. 提前把树桩蛋糕的各部分组装好然后冻起来，到食用当天用香缇奶油和马卡龙装饰即可。别忘了在盛放蛋糕时还要在底部垫上一层纸板。

3. 您也可以把蛋糕完全做好（包括装饰），接着把完整的成品放入纸盒或隔热包装中冷冻，到食用当天先将其转移至冷藏室解冻几小时再食用。

1. 制作杏仁萨赫比斯基：

将烤箱预热至200摄氏度。

取2个鸡蛋并将蛋黄蛋清分离。

用厨师机混合一整个鸡蛋，继续搅拌5分钟直到混合物泛白。

用微波炉或文火加热把黄油融化。

分几次往蛋清中加入细砂糖并将其打发，取1/3的蛋白霜倒入杏仁蛋黄霜中拌匀，接着再加入过筛后的面粉及可可粉，并倒入剩下的蛋白霜和放凉的黄油，稍稍搅拌以做出均匀的面糊。

把面糊倒在20厘米×30厘米的烘焙纸上，把烤箱的温度降至180摄氏度并将面糊烤制10~12分钟。

烤好后再把比斯基放置在烤架上冷却即可。

2. 制作香草可可糖浆：

在锅中倒入清水、细砂糖、香草籽和香草荚一起煮开，接着加入可可粉搅拌均匀，把混合物放凉后再将其过滤，注意糖浆需要冷藏保存。

3. 制作炸弹面糊：

在锅中倒入清水和细砂糖，并用大火加热至120摄氏度左右。

接着把熬好的焦糖倒入事先打发的蛋黄中，继续用手动打蛋器打发，直到面糊完全冷却下来，最后再将面糊分成三份，每份50克。

4. 黑巧克力慕斯：

用隔水加热法融化巧克力及巧克力酱，将它们加热至55~60摄氏度。

往炸弹面糊中加入约1/4的奶油慕斯，接着倒入第一步中的巧克力酱并用刮刀把混合物拌匀。

把剩下的奶油慕斯再分两次拌入混合物中，最后将慕斯静置放凉即可。

5. 制作牛奶巧克力慕斯：

用凉水把吉利丁片泡软。

用隔水加热法融化巧克力，将其加热至48摄氏度。

往炸弹面糊中加入约1/4的奶油慕

斯，接着倒入第一步中的巧克力酱并用刮刀把混合物拌匀。

加入沥干后的吉利丁，再把剩下的奶油慕斯分两次拌进混合物中，最后将慕斯静置放凉即可。

6. 制作白巧克力慕斯：

用凉水把吉利丁片泡软。

用隔水加热法融化巧克力及可可脂，将它们加热至48摄氏度。

往炸弹面糊中加入约1/4的奶油慕斯，接着倒入第一步中的巧克力酱并用刮刀把混合物拌匀。

加入沥干后的吉利丁，再把剩下的奶油慕斯分两次拌进混合物中，最后将慕斯静置放凉即可。

7. 制作香缇奶油：

在锅中倒入约1/4的奶油，接着加入细砂糖、香草荚和香草籽（注意香草荚要沿着平行的方向剖开）一起加热。

倒入剩下的奶油拌匀，把奶油酱用保鲜膜封好，并放进冰箱冷藏1晚，使香草入味。

到最后一步进行蛋糕的摆盘时，将奶油酱打发至其足够坚挺即可（注意打蛋器的钩爪要保持在较低位置）。

您也可以直接使用本书第136页"焦糖花生陀螺蛋糕"中的香草甘纳许代替香缇奶油。

8. 蛋糕摆盘：

将萨赫比斯基切成和模具一样的大小。在模具中填入白巧克力慕斯，然后放入冰箱冷冻10分钟。

待这层慕斯冻硬后，再填入牛奶巧克力慕斯，抹平表面后再次放进冰箱冷冻。

最后填入一层黑巧克力慕斯并盖上涂上了可可糖浆的萨赫比斯基（如图），做出层次分明且颜色渐变的效果。

把蛋糕放进冰箱冷冻1晚，脱模后在表面喷上可可脂喷雾，制作白色蛋糕绒面（您可以在喷雾中混50%的牛奶巧克力，当然也可以直接购买半成品的蛋糕喷雾），并把蛋糕摆放在垫板上。

用香缇奶油填装裱花袋，并用圣奥诺黑花嘴在冻硬的蛋糕表面划出波浪纹，最后再加上少许马卡龙点缀即可。

原料准备时间：5小时
烤制时间：10~12分钟
静置时间：1晚
10人份

用烤蛋白制作的蔷薇花装饰
可以提前几天准备好

透明淋面酱
可以提前1天甚至好几天准备，注意需要冷藏保存

树莓蛋糕层
可以提前几天准备

牛奶巧克力慕斯
需要在蛋糕入模当天现做现用

黑巧克力慕斯
需要在蛋糕入模当天现做现用

巧克力海绵蛋糕
需要提前1晚做好并冷藏保存

烘焙贴士

这款蛋糕的制作可以采用两种方案：

1. 在食用前1晚做好蛋糕的所有部分，第二天制作巧克力慕斯并将蛋糕各部分入模，冷冻成形后添加上装饰件即可。

2. 提前把树桩蛋糕的各部分组装好然后冷冻：注意要用保鲜膜将蛋糕严密包裹，到食用当天，为其浇上淋面酱并添加装饰即可。

别忘了在盛放蛋糕时还要在底部垫上一层纸板。

配料

1. 巧克力海绵蛋糕
35克细砂糖
20克杏仁酱
10克洋槐蜜
60克蛋黄
15克热水
20克可可含量60%~65%的巧克力
90克蛋清
35克细砂糖
95克T45面粉
15克纯可可粉

2. 树莓蛋糕层
6克吉利丁片
300克（过滤后的）树莓果泥
50克细砂糖

3. 香草糖浆
150毫升清水
75克细砂糖
1根香草荚

4. 炸弹面糊
80克细砂糖
50毫升清水
80克蛋黄

5. 黑巧克力慕斯
100克高纯度考维曲巧克力（法芙娜牌）
25克巧克力酱（法芙娜牌）
250克（打发的）奶油慕斯
75克炸弹面糊

6. 牛奶巧克力慕斯
2克吉利丁片
125克高纯度考维曲牛奶巧克力
（法芙娜牌®）
200克奶油慕斯
75克炸弹面糊

7. 透明淋面酱
10克吉利丁片
150毫升矿泉水
200克细砂糖
1/4个橙子（果皮屑）
1/4个柠檬（果皮屑）
半根香草荚

8. 蛋糕摆盘
用烤蛋白制作的蔷薇花装饰
食用金箔

所需工具

24厘米树桩蛋糕模具
厨房用温度计
甜品抹刀
Rhodoïd®塑料纸
12毫米花嘴及裱花袋
比蛋糕尺寸稍大的垫板

1. 制作巧克力海绵蛋糕：

先将烤箱预热至180摄氏度。

在碗里倒入细砂糖、杏仁酱、洋槐蜜和1/4的蛋黄，启动厨师机将混合物打发，等到混合物开始泛白时，加入剩下的蛋黄继续打发10分钟，之后倒入热水，并将厨师机调至中速再搅拌5分钟。

在厨师机工作期间，用隔水加热法把巧克力融化，将其加热至55摄氏度。把融化的巧克力浆加到打发的蛋黄中，继续用中速将混合物搅拌5分钟。

在蛋清中加入细砂糖，将其打发成均匀且柔软的蛋白霜。

把前一步中的混合物倒进蛋白霜中，再加入面粉和可可粉一起搅拌均匀（注意粉状配料都要过筛）。

在一个30厘米×40厘米大小的烤盘中，铺上烘焙纸，然后把面糊倒入其中，并用抹刀抹平至12毫米厚。

把面糊放进烤箱烤制10~12分钟，最后切成两块大小分别为17厘米×24厘米和6厘米×24厘米的面饼。

2. 制作树莓蛋糕层：

用凉水把吉利丁片泡软。

在烤盘中铺上一张大小为17厘米×24厘米的塑料纸，然后将其连同烤盘一起放入冰箱冷冻。

在锅中倒入约1/4的树莓果泥和细砂糖，一起用中火熬煮，关火后再加入沥干的吉利丁和剩下的果泥，将混合物搅拌均匀。

把熬好的树莓酱倒在冻好的塑料纸上，将其抹匀直到把整张纸覆盖（果酱的厚度约3毫米），然后放上等大的海绵蛋糕将其盖住，再把整体放进冰箱冷冻成形。

3. 制作香草糖浆：

往清水里加入细砂糖、香草碎和从香草荚中刮下的香草籽一起煮沸。

关火后用保鲜膜封住锅口，待其冷却后再过滤出糖浆即可。

4. 制作炸弹面糊：

在锅中倒入清水和细砂糖，并用大火加热至120摄氏度左右。

接着把熬好的焦糖倒入事先打发的蛋黄中，继续用手动打蛋器打发，直到面糊完全冷却下来，最后再将面糊分成两份，每份75克。

5. 制作黑巧克力慕斯：

用隔水加热法融化巧克力及巧克力酱，将它们加热至55~60摄氏度。

往炸弹面糊中加入约1/4的奶油慕斯，接着倒入第一步中的巧克力酱并用刮刀把混合物拌匀。

把剩下的奶油慕斯再分两次拌入混合物中，最后将慕斯静置放凉即可。

6. 制作牛奶巧克力慕斯：

用凉水把吉利丁片泡软。

用隔水加热法融化巧克力酱，将它们加热至48摄氏度。

往炸弹面糊中加入约1/4的奶油慕斯，接着倒入第一步中的巧克力酱并用刮刀把混合物拌匀。

加入沥干后的吉利丁片，再把剩下的奶油慕斯再分两次拌进混合物中，最后将慕斯静置放凉即可。

7. 制作透明淋面酱：

把吉利丁片放入500毫升清水中泡软。另取一只锅，在其中加入150毫升清水、细砂糖、果皮屑（橙子和柠檬）、香草籽和切成两半的香草碎煮沸，关火后再加入沥干的吉利丁片并稍稍拌匀。

将混合物用细筛过滤，之后放入冰箱冷藏备用。

8. 蛋糕摆盘：

先在树桩蛋糕模具内壁上贴上一层塑料纸，再把第二步中做好的树莓蛋糕层贴在模具凹槽的内壁上。

在蛋糕层表面刷一层香草糖浆，然后用12毫米的花嘴往凹槽里填入黑巧克力慕斯，也做出一个小型凹槽（如图所示）。

继续往这个凹槽中填入牛奶巧克力慕斯，直到将其完全填满。

用抹刀把慕斯抹平，然后盖上另一片巧克力海绵蛋糕，并在这层巧克力海绵蛋糕表面也刷上一层糖浆。

把蛋糕放入冰箱冷冻1晚，第二天将蛋糕脱模后取下表面的塑料纸，再浇上透明淋面。把成品摆放在金色蛋糕垫板的中央，并用烤蛋白制作的蔷薇花装饰和少许食用金箔装饰即可。

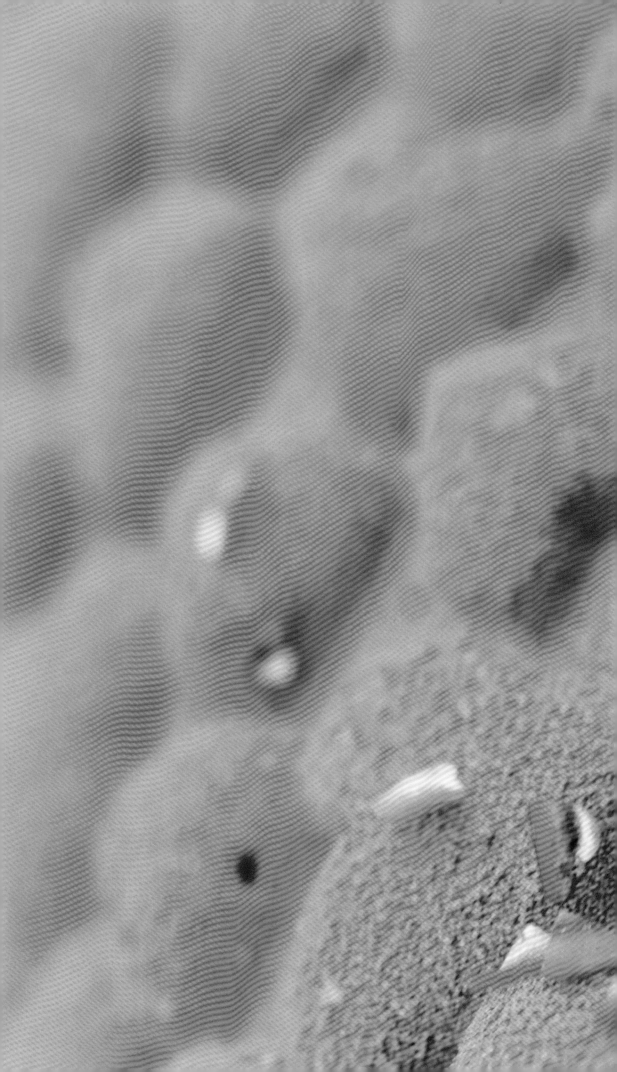

创 意 篇

云杉年轮

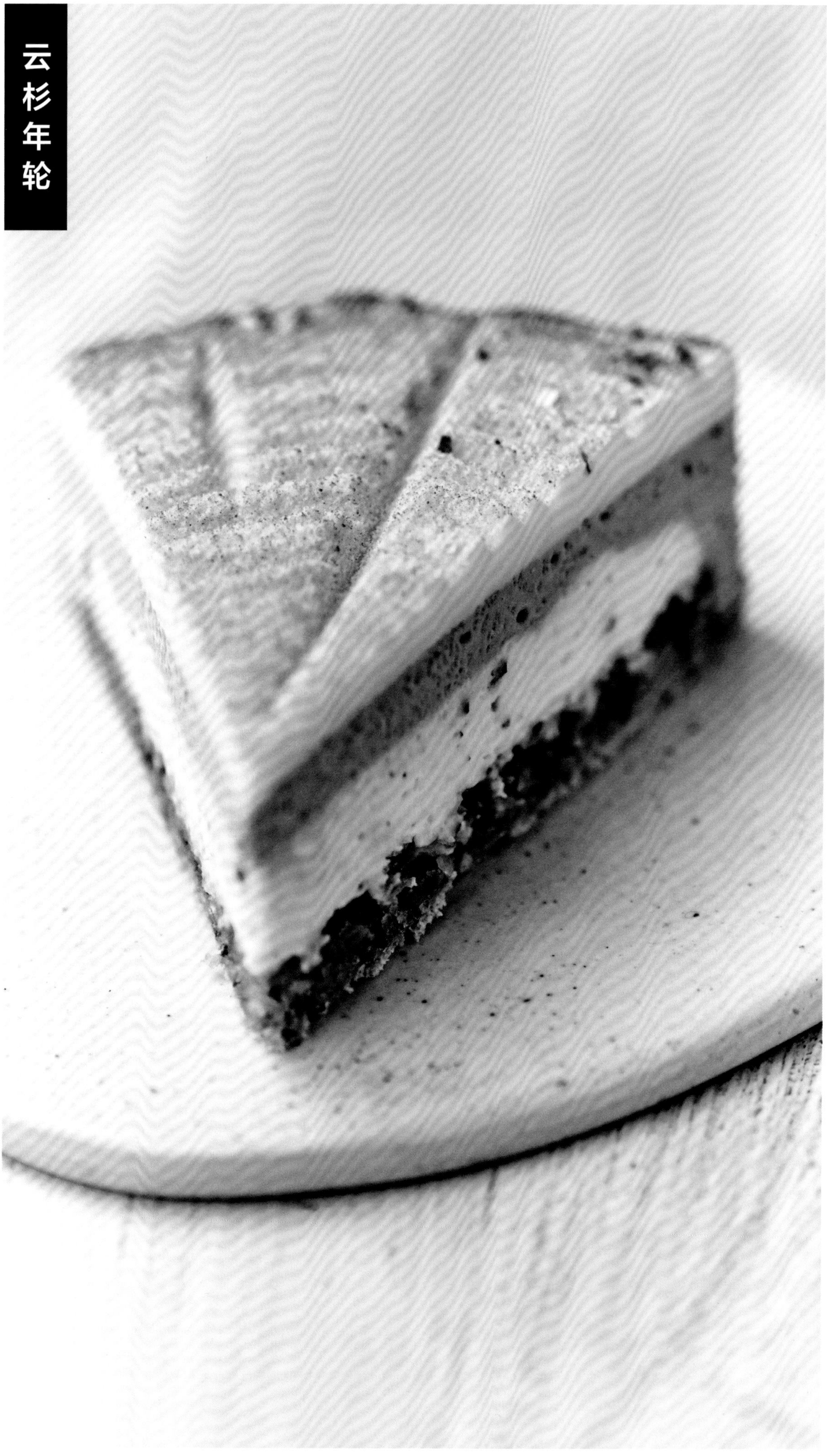

云杉年轮

原料准备时间：5 小时

烤制时间：20分钟

静置时间：至少1晚

8人份

配料

1. 黑松露香草慕斯
3克吉利丁片
100毫升全脂牛奶
5克葡萄糖
1根香草荚
120克伊芙瓦白巧克力（法芙娜牌）
210克全脂鲜奶油
黑松露碎

2. 白巧克力甘纳许
150克伊芙瓦考维曲白巧克力
（法芙娜牌）
100克全脂鲜奶油
1克香草精

3. 榛子比斯基
115克蛋清
40克细砂糖
100克(经过烤制的)榛子粉
115克糖霜

4. 榛子糖脆片
25克榛子帕林内糊
25克榛子酱
25克脆片薄饼
20克跳跳糖粉
5克融化的黄油
15克吉瓦那牛奶巧克力
（法芙娜®牌）

5. 巧克力奶油慕斯
2克吉利丁片
45克30°糖浆
（25克砂糖加20克清水）
55克蛋黄
125克吉瓦那牛奶巧克力
（法芙娜牌）
250克打发奶油霜

6. 蛋糕摆盘
白色绒面酱
100克可可脂
100克牛奶巧克力

黑色绒面酱
100克可可脂
100克圭亚那巧克力（法芙娜牌）
蘑菇形状的烤蛋白装饰
松露巧克力

所需工具
24厘米长的树桩蛋糕模具
15毫米圆口裱花嘴（及裱花袋）
瓦格纳尔甜品喷枪

巧克力奶油慕斯
要在组装蛋糕当天现做
现用

用于喷砂的绒面酱
可以提前做好，使用前
只需要稍稍加热即可

白巧克力甘纳许

榛子糖脆片
需要在组装当天制作

榛子比斯基
可以提前1天制作并冷
藏保存

黑松露香草慕斯
需要在蛋糕装盘当天
现做现用

烘焙贴士

这款蛋糕的制作可以采用两种方案：

1. 在食用前1天或两天做好蛋糕比斯基和糖脆片，到食用当天做好各式慕斯
和绒面酱，并完成蛋糕各部分的组装步骤。冷冻至少3小时后，进行喷砂并
添加装饰件。注意直到食用前蛋糕一直要冷藏保存。

2. 把蛋糕各部分填入模具并将其连同模具一起冷冻，直到食用时再脱模，
并进行喷砂和装饰。

别忘了在盛放蛋糕时还要在底部垫上一块圆形纸板。

1.（提前1晚）制作黑松露香草慕斯：

用凉水把吉利丁片泡软。

在锅中倒入牛奶、葡萄糖和香草荚并用中火熬煮，接着加入沥干的吉利丁，待其溶化后再把香草牛奶倒入白巧克力中拌匀。

待混合物冷却后，拌入鲜奶油，并把奶酱放入冰箱冷藏。

在使用前往奶酱中加入黑松露碎，然后把慕斯打发。注意控制打蛋器速度，防止打发过度！

2. 制作白巧克力甘纳许：

先把白巧克力切碎备用。

用中火把奶油煮开，接着加入香草精拌匀。

把香草奶油分多次倒进白巧克力碎中，一边倒奶油一边搅拌，最后将甘纳许静置几小时放凉即可。

3. 制作榛子比斯基：

将烤箱预热至180摄氏度。

用厨师机打发蛋清，注意细砂糖要分几次加入。

接着往蛋白霜中倒入榛子粉和糖霜，并用刮刀用力拌匀。

把面糊装进裱花袋，再用15毫米口径的裱花嘴挤出直接约16厘米的面

饼（并把剩下的面糊冷冻保存）。

将面饼放入烤箱烤制约20分钟，之后在烤架上放凉即可。

4. 制作榛子糖脆片：

将榛子帕林内糊、榛子酱、脆片薄饼和跳跳糖粉倒在一起，接着再加入黄油和牛奶巧克力拌匀。

把混合物倒在烘焙纸上抹平，然后再盖上一层烘焙纸轻轻压实，放入冰箱冷藏保存。

5. 制作巧克力奶油慕斯：

用凉水把吉利丁片泡软。

把热的糖浆倒进蛋黄中，并对混合物进行隔水加热，然后放入沥干的吉利丁，待其溶化后把混合物打发（直到其泛白为止）。

等到混合物完全放凉后再加入融化的巧克力酱和打发奶油霜拌匀。

6. 蛋糕摆盘：

在蛋糕模具中倒上薄薄的一层白巧克力甘纳许，随后将其冷冻30分钟。

接着往模具中填入黑松露香草慕斯和巧克力奶油慕斯，并最终用一层香草慕斯封顶。

在慕斯的表面摆上榛子糖脆片和榛子比斯基，并把半成品蛋糕放入冰箱冷冻。

将蛋糕脱模后在表面喷上蛋糕绒面酱，先喷一层白色绒面（将可可脂和牛奶巧克力融化后拌在一起），再喷一层黑色绒面（将可可脂和牛奶巧克力融化后拌在一起），最后用蘑菇形状的烤蛋白和松露巧克力点缀即可。

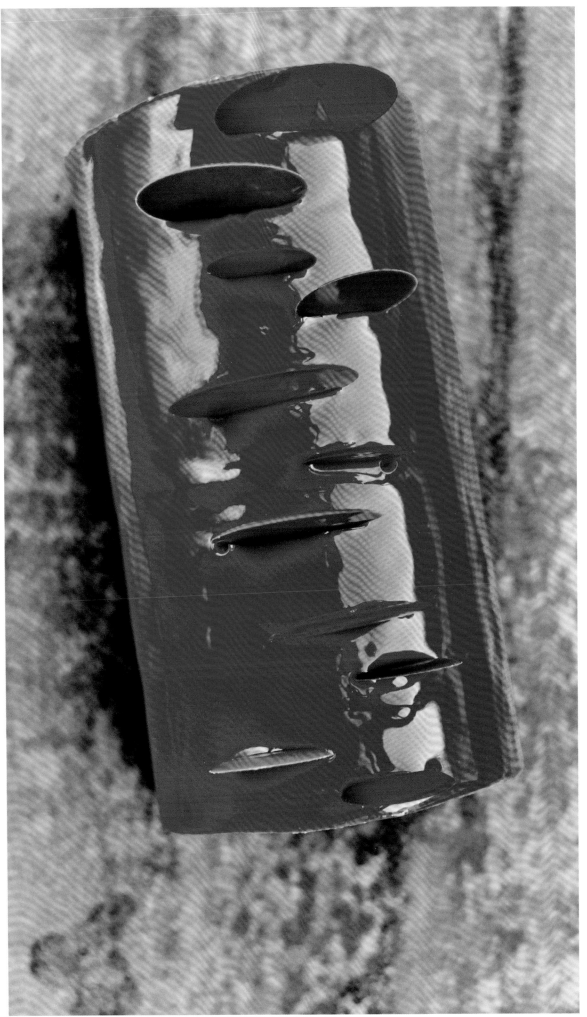

红宝石蛋糕

原料准备时间：4 小时

烤制时间：30分钟

静置时间：1晚

10人份

配料

1. 巧克力小圆片
300克可可含量35%的白巧克力
蓝色和红色色素

2. 海盐曲奇
30克脱水黄油
15克杏仁粉
15克（经过烤制的）榛子粉
30克T55面粉
30克红糖
1小勺盐之花

3. 开心果软蛋糕比斯基
125克杏仁糖粉
85克蛋液
20克蛋黄
20克开心果酱
12克细砂糖
12克淀粉
45克融化的黄油
50克蛋清

4. 樱桃树莓蛋糕夹心
200克大樱桃
100克樱桃果酱
30克细砂糖
3克NH果胶
60克树莓

5. 柠檬芝士慕斯
8克吉利丁片
300克费城（PHILADELPHIA®）奶
油奶酪
30克糖霜
1个黄柠檬（果皮）
1个青柠檬（果皮）
80克细砂糖
30毫升清水
50克蛋黄
110克打发奶油霜

6. 红色镜面淋面酱
7克吉利丁片
50毫升清水
100克细砂糖
100克葡萄糖
1克脂溶性红色食用色素
（可搜索PCB®品牌官网）
65克炼乳
100克白巧克力

所需工具

24厘米长的树桩蛋糕模具
厨房用温度计
甜品抹刀
巧克力造型专用opp玻璃纸
饼干压制模具
24厘米长的沟槽状模具
Rhodoïd®塑料纸

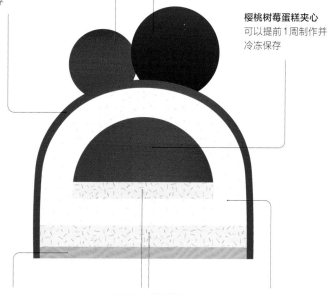

红色镜面淋面酱
可以提前1周做好并
冷藏保存

巧克力小圆片
可以提前1周做好，并放在
12摄氏度的恒温环境下保存

樱桃树莓蛋糕夹心
可以提前1周制作并
冷冻保存

海盐曲奇
可以提前1周先做好生
面团，到组装蛋糕当
天烤制海盐曲奇

开心果软蛋糕比斯基
需要提前1天准备并
冷藏保存

柠檬芝士慕斯
需要在蛋糕入模当天
现做现用

烘焙贴士

这款蛋糕的制作可以采用三种方案：

1.提前1晚准备好所有原料，到蛋糕装盘当天制作柠檬芝士慕斯，并完成组
装及装饰步骤。

2.提前把树桩蛋糕的各部分组装好然后冻起来，到食用当天给蛋糕浇上淋面
并插上巧克力片即可。别忘了在盛放蛋糕时还要在底部垫上一层纸板。

3.您也可以把蛋糕完全做好（包括装饰），接着把完整的成品放入纸盒或隔
热包装中冷冻，到食用当天先将其转移至冷藏室解冻几小时再食用。

1. 制作巧克力小圆片：

将巧克力切成小块并放在碗里备用。用隔水加热法使其融化，把巧克力加热到50摄氏度，此过程中需要不停搅拌直到巧克力表面光滑。

取出约3/4的巧克力倒在案板上，并用刮板反复刮和切，使其温度降至28~29摄氏度。

把降温后的巧克力倒回保温碗中，再缓缓倒入之前剩下的热巧克力使其升温，注意一边倒一边搅拌，黑巧克力温度达到29~30摄氏度时停止。在接下来的操作中需要一直用温度计掌控巧克力的温度，如果发现巧克力温度过低还需要用烤箱或微波炉稍稍使其回温。

把巧克力酱染成红色，从中倒出一半到一张玻璃纸上，然后再盖上另一层玻璃纸。

趁着巧克力还未冻硬，将其擀至约2毫米厚，并用饼干模具压出圆片。

往剩下的巧克力酱中再滴入蓝色色素，蓝色和红色相混合变成紫色，之后再重复上述过程做出巧克力圆片。待其凝固后一起放入冰箱冷藏。您也可以参考本书第33页所介绍的食谱。

2. 制作海盐曲奇：

把所有配料倒在一起并用厨师机拌匀，揉成面团。

用两张塑料纸把面团夹在中间，并将其擀成约3毫米厚。

把面饼切成长和宽分别为24厘米和8厘米的长方形，并用烤箱以170摄氏度烤制15分钟。

3. 制作开心果软蛋糕比斯基：

将配料表中前五种配料倒在一起并用厨师机打发，接着往混合物里加入剩下的配料，搅拌后得到坚挺的蛋白霜面糊。

把面糊倒在烘焙纸上并抹平至1厘米厚，随后用烤箱以175摄氏度烤制15分钟。

把软蛋糕比斯基切成长度均为24厘米、宽度分别为8厘米和3厘米（和果味蛋糕夹心等宽）的两块长方形备用。

4. 制作樱桃树莓蛋糕夹心：

将配料表中除树莓外的所有食材倒入锅中，用中火加热煮沸，注意要不停搅拌以使细砂糖和果胶完全溶化。

在沟槽模具表面附上一层保鲜膜，把上一步中的混合物倒满其中，并往里面加入树莓。

用宽3厘米的软蛋糕比斯基盖在果酱夹心上，随后将其放进冰箱冷冻。

5. 制作柠檬芝士慕斯：

用凉水把吉利丁片泡软。

将奶油奶酪、糖霜和切碎的柠檬皮均匀混合。

制作一份炸弹面糊：先把细砂糖加入清水中并熬煮糖浆，待温度达到118摄氏度时再将其倒进打发的蛋黄中拌匀。

稍稍加热柠檬奶油奶酪，加入沥干的吉利丁片和炸弹面糊，最后拌入打发奶油霜即可。

6. 制作红色镜面淋面酱：

用凉水把吉利丁片泡软。

用清水、细砂糖、葡萄糖和红色食用色素熬煮糖浆，接着往糖浆中加入炼乳和沥干的吉利丁片。

等到糖浆温度达到85摄氏度时，将其倒进白巧克力中并搅拌均匀。

7. 进行蛋糕各个部分的组装和最终的摆盘：

先在树桩蛋糕模具的内壁上贴一层塑料纸或烘焙纸。

接着在模具内壁上抹上一层2厘米厚的柠檬芝士慕斯。

把冻好的蛋糕夹心放在凹槽中，在表面放一块开心果软蛋糕比斯基，用剩下的芝士慕斯把模具填满并将表面抹平。

在慕斯表面放上开心果软蛋糕比斯基，之后涂抹一层薄薄的慕斯，再放上海盐曲奇。

把蛋糕放进冰箱冷冻一夜，第二天将蛋糕脱模后浇上温热的淋面酱。接着把蛋糕冷冻一会儿后再进行第二次浇注（您也可以只淋一次，不过附着效果会有所折扣）。

最后把巧克力圆片插在蛋糕表面做装饰即可。

甜趣蓝莓

原料准备时间：5 小时
烤制时间：2 小时 30 分钟
静置时间：至少 1 晚
10 人份

配料

1. 玛德琳比斯基

50 克黄油
2 个鸡蛋
120 克细砂糖
1 个黄柠檬（剥去果皮备用）
25 克全脂鲜牛奶
5 克柠檬汁
125 克 T45 面粉
75 克初榨橄榄油
4 克泡打粉

2. 蓝莓蛋糕夹心

300 克蓝莓
60 克细砂糖
4 克果胶

3. 特浓香草慕斯

4 克吉利丁片
30 克蛋黄
30 克细砂糖
100 毫升全脂牛奶
15 克厚奶油
1 根香草荚
5 克香草精
300 克打发奶油霜

4. 烤蛋白装饰

50 克蛋清
50 克细砂糖
50 克糖霜（或者椰蓉）

5. 香草淋面酱

8 克吉利丁片
50 毫升清水
110 克细砂糖
110 克葡萄糖
1 根香草荚
75 克炼乳
125 克伊芙瓦系列考维曲巧克力
（法芙娜®牌）
1 小勺钛白粉

6. 蛋糕摆盘

烘焙小银珠

所需工具

24 厘米长的树桩蛋糕模具
甜品抹刀
宽 4 厘米的沟槽状模具
5 毫米圆口裱花嘴（及裱花袋）
Rhodoïd®塑料纸

烤蛋白装饰
可以提前几天做好，用密封容器保存在干燥处

特浓香草慕斯
需要在蛋糕入模当天现做现用

香草淋面酱
可以提前 1 天甚至几天准备好，注意需要冷藏保存

玛德琳比斯基
可以提前 1 天做好并冷藏保存

蓝莓蛋糕夹心
可以提前几天准备并冷冻保存

烘焙贴士

这款蛋糕的制作可以采用两种方案：

1. 在食用前 1 晚，做好除香草慕斯外的所有蛋糕"部件"，第二天打发香草慕斯并将蛋糕各部分依序填入模具，冷冻成形再浇注淋面，并添加装饰即可。

2. 提前把树桩蛋糕的各部分组装好然后冷冻保存，到食用当天先将蛋糕脱模，再为其浇上淋面酱并添加装饰即可。

别忘了在盛放蛋糕时还要在底部垫上一层纸板。

1. 制作玛德琳比斯基：

将烤箱预热至170摄氏度。

用文火将黄油融化，随后放凉备用。

另取一只大碗并在其中加入细砂糖和蛋液，打发1分钟后再加入柠檬皮和黄油，用力把混合物拌匀。

继续倒入牛奶、柠檬汁和橄榄油，之后再拌入过筛后的面粉和泡打粉，注意在此过程中要不停搅拌直到面糊变得光滑，切忌出现面粉结块。

在24厘米长的蛋糕模中涂抹黄油并撒上一层面粉，倒入面糊并抹平表面后，将其放入烤箱烤制30分钟。可以通过观察小刀侧切面是否残留面糊的方法检验蛋糕是否烤好。

把烤好的蛋糕放凉后再切成两块厚约1厘米、宽度分别为8厘米和4厘米的长方形备用。

2. 制作蓝莓蛋糕夹心：

在锅中加入蓝莓和30克细砂糖，并用中火加热，直到把蓝莓煮烂。

将果胶和剩下的30克细砂糖拌匀，用少许清水将其溶解，接着把糖浆倒入蓝莓果泥中，继续加热煮沸3~4分钟。

把煮好的蓝莓酱倒满沟槽模具，在冷藏室放凉后，再转移至冷冻室保存。

3. 制作特浓香草慕斯：

用凉水把吉利丁片泡软。

将蛋黄和细砂糖混合。将牛奶、厚奶油、香草精和香草荚一起放入锅中煮开，再倒入加细砂糖打发的蛋黄霜，之后继续把混合物加热至82摄氏度，并拌入沥干的吉利丁片。

关火后把慕斯放凉（至25摄氏度左右），但注意不能使其凝结，最后拌入打发奶油霜即可。

4. 制作烤蛋白装饰：

往蛋清里加入细砂糖并将其打发，之后再往蛋白霜中拌入糖霜。

把蛋白霜填入裱花袋中，再用5毫米口径的裱花嘴在烘焙纸上挤成长条。

在蛋白条上撒上糖霜或椰蓉，之后

用90摄氏度烤制约2小时，直到将其完全烤干即可。

5. 制作香草淋面酱：

用凉水把吉利丁片泡软。

在锅中加入清水、细砂糖、葡萄糖、香草碎并用中火熬煮，关火后再往糖浆中加入炼乳和沥干后的吉利丁片。

待混合物温度达到85摄氏度时，倒入（融化的）巧克力，最后加入钛白粉并搅拌均匀（注意不能拌入气泡）。

6. 进行蛋糕的组装：

先在树桩蛋糕模具内壁上贴一层塑料纸。

接着在模具中抹上一层特浓香草慕斯，做出一个小凹槽，并把冻好的蓝莓蛋糕夹心放入其中，放入1片玛德琳比斯基，再用剩下的慕斯把模具填满，抹平表面后再盖上玛德琳比斯基。

把蛋糕放进冰箱冷冻，待其成形后脱模，取下塑料纸并趁蛋糕还处于冷冻状态时浇上淋面。

最后在蛋糕顶部摆上烤蛋白棒，并撒上少许烘焙小银珠做装饰。

伊甸园

原料准备时间：5小时
烤制时间：35分钟
静置时间：至少1晚
10人份

配料

1. 焦糖奶油酱
2克吉利丁片
180克全脂鲜奶油
半根香草荚
45克细砂糖
45克蛋黄

2. 乔孔达比斯基
85克鸡蛋
50克杏仁粉
50克糖霜
70克蛋清
20克细砂糖
35克T45面粉
15克黄油

3. 焦糖蛋糕卷
75克细砂糖
35毫升温水
80克蛋清
50克蛋黄
70克T45面粉

4. 传统古法软蛋糕
40克黄油
15克杏仁酱
2个蛋黄
90克细砂糖
1个鸡蛋
10毫升温水
60克蛋清
65克T45面粉
1泡泡打粉、5克纯可可粉、20克榛子粉、
20克榛子帕林内糊

5. 焦糖梨冻
300克威廉梨
50克细砂糖
4克果胶

6. 巴伐利亚香草奶油
4克吉利丁片
55毫升全脂牛奶
半根香草荚
50克蛋黄
50克细砂糖
200克打发奶油霜
10毫升威廉梨果酒

7. 梨子糖浆
70毫升清水
50克细砂糖
半茶匙香草精
20毫升梨子果酒

8. 香缇奶油
250克特级鲜奶油
20克细砂糖
¼根香草荚（捣成香草碎）
1茶匙香草精

9. 蛋糕装饰
烤蛋白块（做法详见34页）

所需工具
24厘米长的树桩蛋糕模具
宽4厘米的方槽模具
厨房用温度计
1把甜品抹刀
铁氟龙Téflon®薄膜
Rhodoïd®塑料纸
扁口裱花嘴
圣奥诺黑裱花嘴

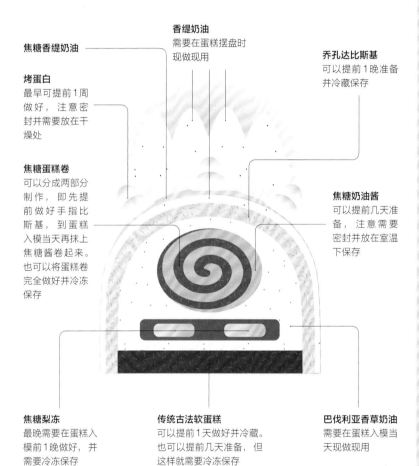

焦糖香缇奶油

香缇奶油
需要在蛋糕摆盘时现做现用

乔孔达比斯基
可以提前1晚准备并冷藏保存

烤蛋白
最早可提前1周做好，注意密封并需要放在干燥处

焦糖蛋糕卷
可以分成两部分制作，即先提前做好手指比斯基，到蛋糕入模当天再抹上焦糖酱卷起来。也可以将蛋糕卷完全做好并冷冻保存

焦糖奶油酱
可以提前几天准备，注意需要密封并放在室温下保存

焦糖梨冻
最晚需要在蛋糕入模前1晚做好，并需要冷冻保存

传统古法软蛋糕
可以提前1天做好并冷藏。也可以提前几天准备，但这样就需要冷冻保存

巴伐利亚香草奶油
需要在蛋糕入模当天现做现用

烘焙贴士

这款蛋糕的制作可以采用两种方案：

1. 在食用前1晚做好各种比斯基、焦糖梨冻和焦糖蛋糕卷，第二天制作香草奶油，并将蛋糕各部分依序填入模具，冷冻成形再添加装饰即可。

2. 提前把树桩蛋糕的各部分组装好然后冷冻保存：注意要用保鲜膜将蛋糕严密包裹，到食用当天先将其解冻，再用香缇奶油涂满表面并添加装饰。

别忘了在盛放蛋糕时还要在底部垫上一层纸板。

1. 制作焦糖奶油酱：

用凉水把吉利丁片泡软。

往奶油里加入香草荚并煮沸。

用中火把细砂糖溶化并熬制焦糖。

待焦糖酱变焦黄色后，分2~3次倒入香草奶油，注意需要不停搅拌。之后再倒入蛋黄，并一边加热混合物（至80摄氏度左右），一边将其打发。

往打发的焦糖蛋黄霜里加入吉利丁片，充分搅拌使其溶化，最后把焦糖奶油酱倒在一个平盘里冷藏保存。

2. 制作乔孔达比斯基：

在对流模式下把烤箱预热至200摄氏度。

在碗中打入鸡蛋，再加入杏仁粉和糖霜，并用厨师机快速搅拌15分钟，之后把打好的面糊装进碗里备用。

另取一只碗加入蛋清，一边加细砂糖，一边搅拌将其打发，总共需要加入20克细砂糖。

把打好的蛋白霜倒入前一步做好的面糊里，稍稍拌匀后再加入面粉，注意过程中需要不停搅拌。

把面糊倒在30厘米×40厘米大小的烘焙纸上抹平，随后放进烤箱烤制10~12分钟（具体时间视烤箱火力而定）。蛋糕烤好后将其放在烤架上冷却即可。

3. 制作焦糖蛋糕卷：

在通风状态下把烤箱预热至180摄氏度。

将细砂糖溶化熬成焦糖，然后用少许温水将焦糖溶化。

一边往蛋清里加入焦糖，一边将其打发，等到蛋白霜变得足够坚挺后，再用刮刀先后拌入蛋黄和面粉。

在烤盘里铺上一层Téflon®薄膜，然后倒入面糊并用抹刀抹平表面，面糊的深度约为6厘米。

烤制7~8分钟后把蛋糕卷取出，在烤架上放凉后再把它转移到另一张烘焙纸上备用。

4. 制作传统古法软蛋糕：

将烤箱预热至180摄氏度。

在平底锅内放入黄油，用文火加热直到其褐化（呈现出榛果的颜色），随后将其放在一旁备用。

将杏仁酱用微波炉稍稍加热，使其软化。然后用电动打蛋器搅拌，在此过程中还要一点点地往里面加入蛋黄。

把混合物倒入厨师机的搅拌碗中，接着打入1个鸡蛋并加入60克细砂糖，用高速将其打发，之后再倒入温水稀释。

往60克蛋清中加入30克细砂糖并将其打发，直至蛋白霜足够坚挺时停止。

分别将面粉、泡打粉和可可粉过筛，并把它们拌在一起，加入榛子粉，接着将蛋白霜、杏仁蛋黄霜和上述三种食材均匀混合。

往已经放温了的褐化黄油中加入少许面糊和榛子帕林内糊，稍稍搅拌后再把这部分混合物倒回剩下的面糊里彻底拌匀。

把最终的成品面糊倒入烤盘，并抹平表面至1厘米厚，放入烤箱烤制15分钟。

5. 制作焦糖梨冻：

将梨子削皮后切成大块，同时将30克细砂糖溶化并熬煮焦糖，然后把剩下的细砂糖和果胶混合。

将梨块、焦糖酱、细砂糖和果胶拌在一起用大火熬煮，注意通过观察冷却后焦糖梨酱的凝固情况掌控稠度。

将焦糖梨酱倒进方槽模具中（注意事先要在模具内壁贴上一层保鲜膜），并且在使用前需要一直放在冰箱冷冻。

6. 制作巴伐利亚香草奶油：

用凉水把吉利丁片泡软。

把牛奶、刮下的香草籽和切碎的香草荚一起倒入锅中煮沸。

在蛋黄中加细砂糖打发，加入少许煮好的香草牛奶，拌匀后再将混合物倒回锅中，并重新加热至浓稠状态（此时奶油酱的温度大约是82摄氏度）。

继续加入沥干的吉利丁片，待其冷却后，再拌入打发奶油霜和威廉梨果酒即可。

7. 制作梨子糖浆：

在清水中加入细砂糖和香草精煮沸，之后再倒入梨子果酒，拌匀后放凉即可。

8. 制作香缇奶油：

把盛奶油的容器放入冰水浴中冷却。打发鲜奶油，当奶油开始变厚时加入细砂糖、香草碎和香草精并继续搅拌。

待奶油霜成形后停止搅拌并冷藏。您也可以使用本书第136页"焦糖花生陀螺蛋糕"食谱中的香草甘纳许代替香缇奶油。

9. 进行蛋糕各部分的组装：

在蛋糕卷表面抹上焦糖奶油酱，将其卷起来然后冷冻1小时。

在树桩蛋糕模具的内壁上附一层塑料纸，把乔孔达比斯基弯成U形紧贴其表面，之后在其上涂一层梨子糖浆并将其压实。

往凹槽中填入巴伐利亚香草奶油，接着把焦糖蛋糕卷压进奶油中，把表面抹平。

依次在奶油表面摆上焦糖梨冻和古法软蛋糕，并在最上层的蛋糕表面刷上一层梨子糖浆。

把蛋糕放进冰箱冷冻至少1晚，脱模后将其放在烤盘上，用香缇奶油涂满表面。

往剩下的奶油中拌入少许焦糖奶油酱，并用扁口裱花嘴在蛋糕顶部挤出两根粗条。

摆盘阶段，先在比树桩蛋糕略大的底板上抹上少许焦糖酱（这么做是为了防止蛋糕放上去后滑动）。小心地把蛋糕摆在中央，再用圣奥诺黑花嘴在蛋糕顶部挤出几团香缇奶油，最后用几块烤蛋白装饰即可。

榛子曲奇蛋糕

原料准备时间：5小时

烤制时间：25~35分钟

静置时间：至少1晚

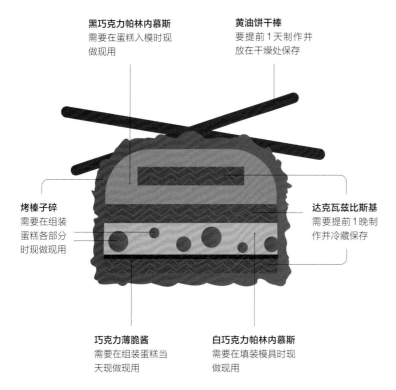

黑巧克力帕林内慕斯
需要在蛋糕入模时现做现用

黄油饼干棒
要提前1天制作并放在干燥处保存

烤榛子碎
需要在组装蛋糕各部分时现做现用

达克瓦兹比斯基
需要提前1晚制作并冷藏保存

巧克力薄脆酱
需要在组装蛋糕当天现做现用

白巧克力帕林内慕斯
需要在填装模具时现做现用

烘焙贴士

这款蛋糕的制作可以采用两种方案：

1. 提前1天或2天做好达克瓦兹比斯基和黄油饼干棒，到食用当天制作各式慕斯并将蛋糕各部分依序填入模具，冷冻至少3小时，待其成形后再浇上淋面、添加装饰即可，注意直到食用前一直需要冷藏。

2. 提前把树桩蛋糕的各部分组装好，然后冷冻保存，注意蛋糕冻成形后还要用保鲜膜将蛋糕严密包裹，到食用当天浇上淋面并添加装饰。

别忘了在盛放蛋糕时还要在底部垫上一层纸板。

配料

1. 黄油饼干棒
130克软化黄油
125克细砂糖
25克榛子粉
1个鸡蛋
250克T45面粉
1克泡打粉

2. 达克瓦兹比斯基
95克榛子粉
55克糖霜
135克蛋清
65细砂糖
40克烤榛子碎
6克奶粉
20克T45面粉

3. 粗粒榛子帕林内酱
120克带皮榛子
140克细砂糖
60毫升清水
1小勺香草粉

4. 榛子糊
100克粗粒榛子帕林内酱
100克榛子酱

5. 巧克力薄脆酱
15克伊芙瓦白巧克力（法芙娜牌）
110克粗粒榛子帕林内酱
15克薄脆饼干

6. 白巧克力帕林内慕斯
50克白巧克力
30克牛奶巧克力
45 克榛子糊
160克打发奶油霜
40克烤榛子碎

7. 黑巧克力帕林内慕斯
45克黑巧克力
45克牛奶巧克力
40 克榛子糊
200克打发奶油霜

8. 蛋糕摆盘
烤榛子碎
雪花糖粉（不同于普通糖霜，这种糖粉不易溶化）

所需工具

24厘米树桩蛋糕模具
厨房用温度计
星形裱花嘴
Rhodoïd塑料纸
比蛋糕尺寸稍大的垫板

1. 制作黄油饼干棒：

将烤箱预热至180摄氏度。

将黄油切块倒入大碗中，并用刮刀挤压搅拌使其软化，接着倒入细砂糖、榛子粉和蛋液，并用打蛋器将混合物拌匀。

继续往混合物中加入面粉和泡打粉，拌匀后再把面糊填入裱花袋，用星形花嘴在抹上黄油并撒过面粉的烤盘中挤出长条。

用手把面糊稍微扭成螺旋状，接着把它们放在铺有烘焙纸的烤盘里烤制10~15分钟。

把烤好的饼干棒放凉后密封保存。

2. 制作达克瓦兹比斯基：

在对流模式下将烤箱预热至180摄氏度。

把榛子粉和糖霜一起倒入厨师机中打碎。

在蛋清中加入少许细砂糖将其打发，打出坚挺的蛋白霜后再把剩下的细砂糖拌入其中。

用刮刀继续往蛋白霜里拌入烤榛子碎、糖霜、奶粉和面粉。

事先在烤盘里铺上一层烘焙纸，接着往里面倒满面糊并摊出2块宽度为5厘米、1块宽度为8厘米的长方形面饼。

把面饼放进烤箱烤制15~20分钟，烤到一半左右时将烤盘旋转180度。比斯基烤好后将其放在烤架上，待其彻底冷却后即可使用。

3. 制作粗粒榛子帕林内酱：

烤箱调至160摄氏度，将带皮榛子烤制10~15分钟，然后剥去表皮。

在锅中倒入清水和细砂糖，并加热至117摄氏度，接着再加入香草粉和放凉了的榛子，用力搅拌。

重新将混合物稍稍加热，但注意不要把水完全煮干，最后再把混合物倒入厨师机中搅成泥即可。成品的帕林内酱中会有一些小颗粒。

4. 制作榛子糊：

把粗粒榛子帕林内酱和榛子酱倒在一起拌匀即可。

5. 制作巧克力薄脆酱：

隔水加热白巧克力将其融化，然后倒入其他配料拌匀即可。

6. 制作白巧克力帕林内慕斯：

把两种巧克力倒在一起，然后用水浴加热的方法融化。

接着把巧克力稍稍放凉，待其温度降到45~50摄氏度时拌入榛子糊，之后再把混合物倒入打发奶油霜里，并撒入少许榛子碎。

用刮刀用力搅拌几秒钟，直到慕斯变均匀。

7. 黑巧克力帕林内慕斯：

把两种巧克力倒在一起，然后用水浴加热的方法融化。

接着把巧克力稍稍放凉，待其温度降到45~50摄氏度时拌入榛子糊，之后再把混合物倒入打发奶油霜里。

用刮刀用力搅拌几秒钟，直到慕斯变均匀。

8. 进行蛋糕的组装和摆盘：

先在树桩蛋糕模具内壁上附上一层塑料纸或者烘焙纸。

接着在模具中倒上一层黑巧克力帕林内慕斯，盖上5厘米宽的达克瓦兹比斯基后用剩下的黑巧克力帕林内慕斯没过比斯基。

再摆上另一块比斯基，接着用白巧克力帕林内慕斯将其覆盖并抹平表面。

在最后一层（8厘米宽的）比斯基一面涂满巧克力薄脆酱，接着把比斯基翻转过来，把有薄脆酱的一面贴着慕斯摆好，然后把蛋糕放入冰箱冷冻1晚。

第二天将蛋糕脱模后，在表面撒上一层烤榛子碎。

摆盘阶段，小心地把蛋糕摆在垫板中央，再放上黄油饼干棒即可。您还可以在其中一些饼干棒表面撒满装饰用的雪花糖粉（如图所示）。

原料准备时间：5 小时

烤制时间：15~20分钟

冷冻时间：1 晚

整个蛋糕的制作过程大约需要2天

配料

1. 红色浆果蛋糕夹心
170克草莓果酱
70克醋栗果酱
50克樱桃果酱
30克细砂糖
6克吉利丁片

2. 巧克力奶油慕斯
1克吉利丁片
30克 30°糖浆（即15克糖加15克水）
40克蛋黄
100克法芙娜®吉瓦那巧克力
200克打发奶油霜

3. 榛子杏仁比斯基
80克蛋清
30克细砂糖
55克榛子粉
15克杏仁粉
80克糖霜

4. 玫瑰轻慕斯
4克吉利丁片
75克蛋黄
30克细砂糖
135克鲜奶油（第一步使用）
20克玫瑰糖浆
15克玫瑰水
2滴浓缩玫瑰汁
另取170克鲜奶油（最后一步使用）

5. 玫瑰绒面
200克可可脂
200克法芙娜®欧帕丽斯巧克力
脂溶性红色色素

所需工具

24厘米的树桩蛋糕模具
4/5厘米宽的沟槽模具
裱花袋
长方形蛋糕模具
瓦格纳尔喷枪

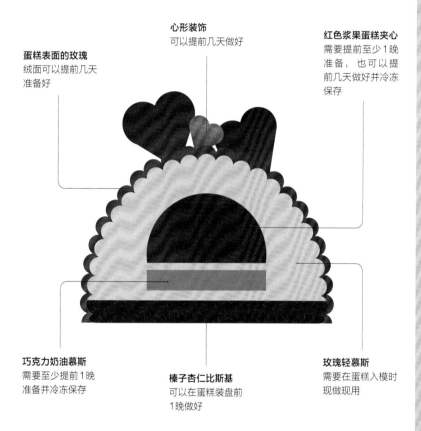

心形装饰
可以提前几天做好

蛋糕表面的玫瑰
绒面可以提前几天
准备好

红色浆果蛋糕夹心
需要提前至少1晚
准备，也可以提
前几天做好并冷冻
保存

巧克力奶油慕斯
需要至少提前1晚
准备并冷冻保存

榛子杏仁比斯基
可以在蛋糕装盘前
1晚做好

玫瑰轻慕斯
需要在蛋糕入模时
现做现用

烘焙贴士

这款蛋糕的制作可以采用三种方案：

1. 提前1晚做好所有"蛋糕部件"，然后在食用当天制作玫瑰轻慕斯，并完成组装及装饰步骤。

2. 提前把树桩蛋糕的各部分组装好然后冻起来，在蛋糕成形后用保鲜膜严密包裹。食用时给蛋糕喷上玫瑰绒面后再添加装饰即可。别忘了在盛放蛋糕时还要在底部垫上一层纸板。

3. 您也可以把蛋糕全部做好并喷上玫瑰绒面，接着把完整的成品放入纸盒或隔热包装中冷冻，到食用当天先将其转移至冷藏室，解冻几小时再食用。

把沥干的吉利丁片加到奶酱中并不断搅拌，直到其溶化并冷却至室温后再加入玫瑰糖浆、玫瑰水和浓缩玫瑰汁（注意此时奶酱只是冷却但并未凝结）。

最后再拌入用170克鲜奶油打成的奶油霜即可。

5. 准备玫瑰绒面：

用微波炉加热可可脂和欧帕丽斯巧克力，将它们融化后再加入红色色素，并用电动打蛋器搅拌均匀（注意钩爪要完全伸入液面以下）。

6. 蛋糕组装及摆盘：

先在树桩蛋糕模具内壁抹上一层玫瑰轻慕斯，接着塞入红色浆果夹心蛋糕，并用玫瑰轻慕斯将其覆盖。

再往模具中填上一块长方形的巧克力奶油慕斯，也用玫瑰轻慕斯封上。稍稍静置一会儿待奶油慕斯凝结后，抹平表面并放上蛋糕比斯基，用力压实，随后把蛋糕放入冰箱冷冻几小时（最好1晚）。

第二天将蛋糕脱模，用喷枪在表面喷上玫瑰绒面，最后把心形巧克力或者烤蛋白放在顶部做装饰即可。

（注意：心形巧克力可以选用PCB®品牌的粉色或白色巧克力。如果用染色烤蛋白装饰，则需要注意烤箱温度不能超过80摄氏度，这样才能保证最后的成品不变色。）

1. 制作红色浆果蛋糕夹心：

用凉水把吉利丁片泡软。

把各种果酱倒入锅中，加入细砂糖并用中火熬煮。

把吉利丁沥干后将其加到混合物中，待其完全溶化后再将红色果浆倒入沟槽模具，并放入冰箱冷藏，成形后再转入冷冻室冷冻保存。

2. 制作巧克力奶油慕斯：

用凉水把吉利丁片泡软。

在锅中熬煮30°糖浆，随后加入沥干的吉利丁片，待其完全溶化后再把混合液倒入蛋黄中，并一边水浴加热一边打发。

接着用电动打蛋器中速搅拌，直到混合物呈现轻盈的慕斯状。

最后往蛋黄霜中拌入融化的巧克力和打发奶油霜，再把慕斯填入长24厘米的长方形蛋糕模具中，并冷冻2小时。

3. 准备榛子杏仁比斯基：

将烤箱预热至180摄氏度。

用厨师机打发蛋清，注意细砂糖要分几次加入。

接着往蛋白霜中倒入杏仁粉、榛子粉和糖霜，并用刮刀用力拌匀。

用裱花袋填装面糊，并用10毫米口径的裱花嘴在铺有烘焙纸的烤盘上挤出长24厘米、宽8厘米的比斯基底形状。

将面糊放入烤箱烤制15~20分钟，注意掌握火候，如果面糊烤过了，可以在表面抹上少许清水将其软化。

4. 制作玫瑰轻慕斯：

用凉水把吉利丁片泡软。

在蛋黄中加细砂糖打发，随后把135克鲜奶油煮沸并倒入蛋黄霜中，仔细搅拌后，再将混合物倒回锅中熬煮，这样就能做出一份英式蛋奶酱。

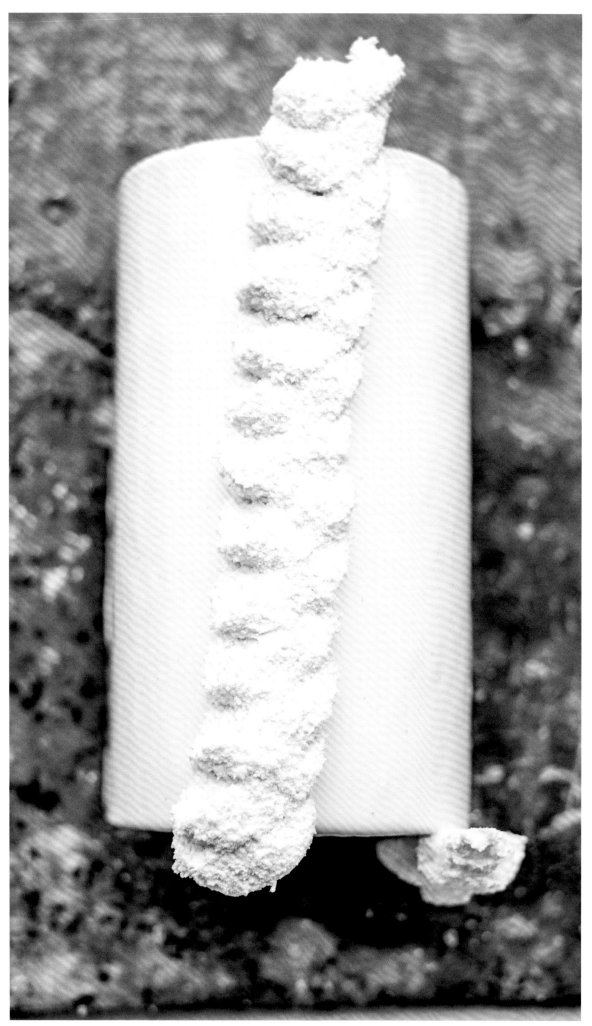

原料准备时间：4小时

烤制时间：20~30分钟

静置时间：至少2小时

10人份

蛋糕尺寸：长约24厘米，宽约8厘米，高约6厘米。

配料

1. 杏仁达克瓦兹比斯基
60克杏仁粉
70克糖霜
70克蛋清
25克细砂糖

2. 香草蛋糕夹心
30毫升全脂牛奶
220克全脂鲜奶油
1根香草荚
30克细砂糖
1克NH果胶
50克蛋黄

3. 果仁夹心脆片
130吉安杜佳巧克力
25克脆片饼干
30克沙布雷曲奇屑
1小勺盐之花

4. 特浓香草慕斯
3克吉利丁片
75克全脂牛奶
15克厚奶油
半根香草荚
5克香草精
15克细砂糖
（第一步用于熬煮香草牛奶）
25克蛋黄
10克细砂糖（第二步用于打发蛋黄）
325克淡奶油

5. 香草淋面酱
8克吉利丁片
50毫升清水
110克细砂糖
110克葡萄糖
1根香草荚
75克炼乳
125克法芙娜伊芙瓦系列考维曲巧克力
1小勺钛白粉

6. 蛋糕摆盘
棍状烤蛋白

所需工具

24厘米×8厘米树桩蛋糕模具
漏勺
沟槽模具
厨房用温度计
Rhodoïd®塑料纸
带10毫米口径裱花嘴的裱花工具

棍状烤蛋白
可以提前几天做好，注意密封并放在干燥环境下保存即可

香草蛋糕夹心
最早可以提前2~3天做好备用

香草淋面酱
可以提前几天做好

果仁夹心脆片
可以在装饰前1天做好

杏仁达克瓦兹比斯基
可以在蛋糕入模的前1晚做好

特浓香草慕斯
必须要在蛋糕入模前现做现用

烘焙贴士

这款蛋糕的制作可以采用两种方案：

1.提前1晚做好所有的蛋糕"部件"，在食用当天制作特浓香草慕斯，并完成"拼装"及装饰步骤。

2.提前把树桩蛋糕的各部分组装好，然后冷冻保存，到食用当天为其浇上淋面酱并添加上装饰即可。

别忘了在盛放蛋糕时还要在底部垫上一层纸板。

1. 准备杏仁达克瓦兹比斯基：

将烤箱预热至170摄氏度。

把杏仁粉放入烤箱烤十几分钟。

在一张烘焙纸上撒上过筛后的糖霜，随后再撒上杏仁粉，并将二者混合。

将蛋清打发，并在搅拌过程中一点点地加入细砂糖。待蛋白霜成形时，再加入上一步中的混合粉末，用刮刀将蛋白霜拌匀备用。

在烤盘上铺上一层烘焙纸，接着用裱花袋在其中挤出长约24厘米、宽约7厘米的长方形比斯基糊。

把比斯基糊放入烤箱烤制20~30分钟，注意掌握火候，多余的比斯基糊不要丢掉，可以冷冻保存并用于下一次烘焙。

2. 制作香草蛋糕夹心：

将牛奶、鲜奶油、剥开的香草荚及香草籽一起放入锅中熬煮，冷却后滤掉固体杂质备用。

将NH果胶和细砂糖均匀混合，随后倒入冷却后的香草奶油并不停搅拌，接着再把混合物倒回锅中重新煮开。关火后往混合物中加入打发的蛋黄，最后把香草蛋糕夹心倒入沟槽模具中，并放入冰箱冷冻。

3. 制作果仁夹心脆片：

对买来的吉安杜佳巧克力进行水浴加热，待其融化并且呈现出丝滑的质感后，再加入其他配料拌匀。

趁热把巧克力酱抹在烘焙纸上，并摊开成长、宽分别为24厘米和14厘米左右的长方形，随后再盖上一层烘焙纸，并冷冻保存。

4. 制作特浓香草慕斯：

用凉水把吉利丁片泡软。

将牛奶、厚奶油、香草精、15克细砂糖、剥开的香草荚及香草籽一起放入锅中用中火熬煮。

另取一个容器打发蛋黄，并在过程中加入10克细砂糖。等到香草牛奶煮开后，从中倒出一半到打发的蛋黄中并迅速搅拌，接着再把这部分混合物倒回牛奶中，转文火加热并不停搅拌，直到蛋奶酱温度达到85摄氏度后关火。如果没有温度计也可以用一个简单的方法检验蛋奶酱是否做好：用甜品刮刀挖出一些蛋奶酱，并用手指在其表面划一道痕，如果痕迹不自动消失则说明蛋奶酱温度已经达到要求。

往蛋奶酱中加入沥干的吉利丁片，随后用保鲜膜将容器封口并放入冰箱冷藏。

用打蛋器打发淡奶油，使之成为香缇奶油，成品的奶油霜质感蓬松轻盈并能拉出坚挺的鸟喙形状。

等到英式蛋奶酱的温度降至26摄氏度左右时，缓缓加入约1/4打好的香缇奶油，拌匀后再倒回到余下的3/4的香缇奶油中，注意全程都需要用刮刀搅拌，防止奶油慕斯塌陷。

5. 制作香草淋面酱：

用凉水把吉利丁片泡软。

在锅中加入清水、细砂糖、葡萄糖、香草碎并用中火熬煮，关火后再往糖浆中加入炼乳和沥干后的吉利丁片。待混合物温度达到85摄氏度时倒入融化的巧克力，最后加入钛白粉，并搅拌均匀，注意不能拌入气泡。

6. 蛋糕组装及摆盘：

在24厘米×8厘米的蛋糕模具内壁附上一层塑料纸。

用10毫米口径的裱花嘴在模具内壁上先挤上一层特浓香草慕斯。把慕斯放入冰箱冷冻一会儿，待其稍稍冻硬后再在凹槽里轻轻放入香草蛋糕夹心，注意不要压实，接着用一层香草慕斯将夹心的顶部覆盖。

用加热后的小刀把果仁夹心脆片切成两块，把第一块放在香草慕斯上轻压，并稍稍挤出周边的奶油（注意不能压得太狠，否则会触碰到下面的蛋糕夹心），接着在这层夹心脆片上抹上一层慕斯，并再摆上第二层脆片。再抹上一层慕斯，在顶层放上达克瓦兹比斯基。轻轻压一下比斯基，让慕斯填满模具中的空隙，随后把半成品蛋糕放入冰箱冷冻。

第二天将蛋糕脱模，取下塑料纸，最后在冻硬的蛋糕表面浇上香草淋面酱，并摆上棍状烤蛋白装饰即可。

焦糖花生陀螺蛋糕

原料准备时间：5 小时

烤制时间：1小时20分钟

静置时间：至少1晚

10~12 人份

配料

1. 打发香草甘纳许酱
6克吉利丁片
200毫升全脂牛奶
10克葡萄糖
3根香草荚
245克法芙娜®伊芙瓦白巧克力
410克全脂鲜奶油

2. 香草榛子蛋白饼
125克蛋清
100克细砂糖
60克榛子粉
1克香草粉
20克烤蛋白碎
60克糖霜

3. 香草月牙饼
35克细砂糖
¼根香草荚
120克软化黄油
140克T45面粉
60克杏仁粉或榛子粉
1茶匙香草精

4. 盐之花焦糖酱
100克细砂糖
15克葡萄糖
50克温奶油
半根香草荚
2克盐之花
80克凉黄油块

5. 焦糖花生
40克细砂糖
20毫升清水
100克盐烤花生

6. 白色蛋糕绒面
200克可可脂
200克法芙娜®伊芙瓦白巧克力
白色食用色素或钛白粉（脂溶性粉末）

所需工具
10毫米及12毫米口径裱花工具
厨房用温度计
甜品抹刀
瓦格纳尔甜品喷枪
一片薄滤布

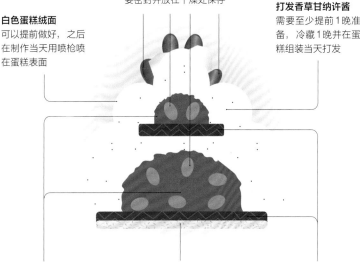

焦糖花生
可以提前2~3天制作，注意要密封并放在干燥处保存

打发香草甘纳许酱
需要至少提前1晚准备，冷藏1晚并在蛋糕组装当天打发

白色蛋糕绒面
可以提前做好，之后在制作当天用喷枪喷在蛋糕表面

盐之花焦糖酱
可以提前做好，但注意要密封保存

香草月牙饼
生面团可以在提前1晚、甚至提前几天准备，注意需要冷冻保存。到蛋糕组装当天再烤制即可

香草榛子蛋白饼
可以提前1~2天、甚至更久准备，但是需要用保鲜膜封好并置于阴凉干燥处保存

烘焙贴士

这款蛋糕的制作可以采用两种方案：

1.提前1天甚至几天准备好所有蛋糕的"部件"，在食用当天打发奶油，并完成组装及喷砂步骤。

2.把树桩蛋糕全部做好，然后用保鲜膜严密包裹并冷冻保存（注意要先将蛋糕冷冻再喷砂）。食用前先把蛋糕放在冷藏室内至少3小时，待其解冻后再摆放装饰。

别忘了在盛放蛋糕时还要在底部垫上一层纸板。

1. 提前1晚制作香草打发甘纳许酱：

用凉水泡软吉利丁片。

在锅中倒入牛奶、葡萄糖、香草和沥干后的吉利丁片熬煮，并不停搅拌。接着分三次把融化的白巧克力拌入其中，等到混合物冷却后再加入鲜奶油。

把甘纳许酱放入冰箱冷藏1晚，第二天使用前将其打发，注意不要打发过度！

2. 制作香草榛子蛋白饼：

将烤箱预热至150摄氏度。

在蛋清中加少许细砂糖并打发。

把剩下的细砂糖一起倒入打发的蛋白霜中，并接着倒入榛子粉、香草粉和烤蛋白碎屑，用刮刀将混合物拌匀。

在烤盘上铺一层烘焙纸，把混合物填装进裱花袋中并用10毫米的花嘴在烤盘里分别挤出一条长约22厘米的蛋白饼和两条同样长度并排紧贴在一起的蛋白饼。

把蛋白饼放入烤箱烤制1小时，在烤至五成熟时将比斯基翻面，烤好后放在烤架上待其完全冷却后再使用。

3. 准备香草月牙饼：

将烤箱预热至170摄氏度，并将细砂糖和香草荚放入厨师机里一起搅拌。

将香草味砂糖过筛后加到黄油、面粉、杏仁粉、榛子粉和香草香精中，用调羹压成泥。

将面团擀成厚约5毫米、宽约7厘米、长约24厘米的面饼。

最后用烤箱烤制至少20分钟。

4. 制作盐之花焦糖酱：

在厚底锅中加入细砂糖和葡萄糖并用中火熬煮，待混合物慢慢变焦黄后转小火，并加入温的奶油和香草荚对糖浆进行稀释，用刮刀不停搅拌直到奶油完全融进糖浆中。注意过程中要用温度计掌控温度，混合物的温度需要保持在106摄氏度左右。关火后往焦糖奶酱中加入盐之花和切成小块的凉黄油（这样可以给奶酱降温），并将混合物搅拌均匀。

最后把做好的焦糖酱倒入干净的容器里，用保鲜膜封口，并在室温下保存（如果是夏天则需要放置在凉爽处）。

5. 制作焦糖花生：

在锅中倒入清水和细砂糖熬煮糖浆，直到糖浆温度达到118摄氏度。

往锅中倒入盐烤花生并不停翻炒，直到其表面完全裹上焦糖，之后再把花生倒入烤盘中，并用手拨开。

6. 准备白色蛋糕绒面：

在制作绒面前先把甜品喷枪在温暖的地方放置1晚。

用微波炉或水浴加热法加热可可脂和巧克力，将其融化后从中舀出一小勺到白色色素中拌匀，之后再把这部分混合物倒回到可可浆中（这样有利于脂溶性色素和巧克力更加均匀地混合）。

用电动打蛋器搅拌绒面酱，注意要把钩爪伸到液面以下，随后用滤布过滤，再把绒面酱和喷枪一起放入烤箱保温（绒面酱的温度要维持在35摄氏度左右，否则可能变硬），如果您的烤箱没有保温功能，也可以用水浴加热装置替代。

7. 最后把蛋糕组装起来：

把香草月牙饼摆在烤盘上，用少许焦糖酱做黏合剂在其表面粘上两条并列的香草榛子蛋白饼，再倒上一层焦糖花生。

在焦糖花生上摆放第二层香草榛子蛋白饼，在表面涂抹焦糖酱。再倒上少许焦糖花生，并将半成品的蛋糕放入冰箱冷冻半小时左右。

将香草甘纳许酱打发，用11毫米的裱花嘴在蛋糕表面挤出若干个的奶油球，将蛋白饼和焦糖花生覆盖，随后放入冰箱冷冻2小时。

用甜品喷枪在蛋糕表面喷上白色绒面（或者使用PCB品牌的白色绒面喷雾），最后在蛋糕顶部撒上少许焦糖花生做装饰即可。

做好蛋糕成品后需要在2天之内食用完毕（注意冷藏），或者先将其密封包装然后冷冻保存。

夏洛特小姐

原料准备时间：5小时

烤制时间：22~23分钟

静置时间：2晚

10人份

配料

1. 树莓蛋糕夹心
6克吉利丁片
300克树莓果酱
30克细砂糖
40克树莓
20克蓝莓

2. 勺子比斯基
5个鸡蛋的蛋清
135克细砂糖
树莓红色素
5个蛋黄
135克T45面粉

3. 沙布雷酥饼
100克软化黄油
35克糖霜
1克精盐
90克T45面粉

4. 柚子奶油
3克吉利丁片
35克细砂糖
1个鸡蛋
半个柠檬的果皮
50克柚子果酱
65克软化黄油
15克蛋清
25克细砂糖
35克鲜奶油

5. 巴伐利亚香草奶油
3克吉利丁
200毫升全脂牛奶
1根香草荚
70克蛋黄
40克细砂糖
180克打发鲜奶油

6. 树莓糖浆
100克树莓果酱
50毫升清水
20克柠檬汁
50克细砂糖

7. 蛋糕摆盘
树莓果酱
PCB品牌带状水果软糖
树莓马卡龙
几颗树莓

所需工具
24厘米×8厘米尺寸的树桩蛋糕模具
4~5厘米宽的沟槽模具
不锈钢甜品抹刀
漏勺
厨房用温度计
面粉筛
Rhodoïd®塑料纸
树桩蛋糕垫板

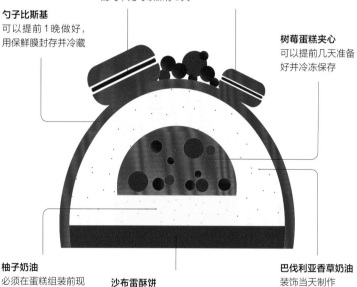

树莓马卡龙
可以提前做好并密封冷冻保存，食用前需要先转入冷藏室解冻12小时，解冻后的马卡龙可以保存3天

勺子比斯基
可以提前1晚做好，用保鲜膜封存并冷藏

树莓蛋糕夹心
可以提前几天准备好并冷冻保存

柚子奶油
必须在蛋糕组装前现做现用

沙布雷酥饼
用于制作沙布雷酥饼的生面团最早可以提前1周做好并冷冻保存，到制作当天烤制即可

巴伐利亚香草奶油
装饰当天制作

烘焙贴士

这款蛋糕的制作可以采用两种方案：

1.提前做好勺子比斯基和树莓蛋糕夹心，在食用当天再制作巴伐利亚香草奶油和柚子奶油，并完成组装和装饰步骤。

2.把树桩蛋糕全部做好，然后用保鲜膜严密包裹（注意要先将蛋糕冻硬后再包装），并冷冻保存。食用前先将蛋糕解冻再摆放装饰即可。

别忘了在盛放蛋糕时还要在底部垫上一层纸板。

1. 提前1晚做好树莓蛋糕夹心：

用凉水把吉利丁片泡软。

在锅中先倒入约¼的树莓果酱和细砂糖一起用中火熬煮，等到混合物变均匀后再把沥干的吉利丁片和剩下的果酱也倒入锅中继续加热。

把树莓酱倒入4~5厘米宽的沟槽模具中，约1厘米深，再放入树莓和蓝莓鲜果拌开，最后把模具放入冰箱冷冻1晚。

2. 制作勺子比斯基：

将烤箱在通风模式下预热至180摄氏度。

一边加入细砂糖一边把蛋清打发，之后再加入树莓红色素。

往打好的蛋白霜里倒入蛋黄和面粉，并用刮刀拌匀。

在烘焙纸上用抹刀把面糊抹成约8毫米厚，接着烤制7~8分钟，并在烤架上放凉。

更换勺子比斯基的垫纸并将其分别切成17厘米×24厘米和8厘米×24厘米的两块。

3. 制作沙布雷酥饼：

将烤箱预热至170摄氏度。

将黄油切块倒入大碗中，并用刮刀挤压搅拌使其软化，接着倒入糖霜、精盐并用打蛋器将混合物拌匀。

往混合物中加入面粉并揉成面团。

把面团放在烘焙纸上，再盖上另一层烘焙纸，用力把面团压扁，接着用擀面杖擀至5毫米厚，随后放入冰箱冷冻几分钟。

将一边的烘焙纸揭下来，在表面撒上少许面粉，然后将面饼翻面并把另外一面的烘焙纸也撕下来，在这一面也撒上面粉。

从面饼中切出7厘米宽且和树桩蛋糕等长的一块面饼并放进烤箱烤15分钟。

4. 制作柚子奶油：

用凉水把吉利丁片泡软。

在锅中加入细砂糖、鸡蛋、柠檬果皮和柚子果酱，并用中火熬煮，待混合物煮沸后关火。

将熬好的果酱过筛，接着加入小块黄油和沥干的吉利丁片，并搅拌1分钟。在蛋清中加入砂糖打发，制成蛋白霜。在一个凉的容器里再把奶油打发，注意打好的奶油霜要足够坚挺。最后把蛋白霜、奶油霜和柚子果酱混合并拌匀。

5. 制作巴伐利亚香草奶油：

用凉水把吉利丁片泡软。

在锅中加入牛奶和切碎的香草荚熬煮。待牛奶沸腾后关火，随后在蛋黄中加入细砂糖打发，并将其加到香草牛奶中。

将蛋奶酱加热至浓稠状态，此时蛋奶酱的温度约为82摄氏度。

关火并加入沥干的吉利丁片，随后静置直至其冷却后再拌入打发鲜奶油即可。

6. 制作树莓糖浆：

将所有配料拌在一起稍稍加温，待细砂糖完全溶化后将其中的固体杂质用漏勺滤掉即可。

7. 最后进行蛋糕的组装：

先在树桩蛋糕模具的内壁上贴上一层塑料纸或烘焙纸，接着把勺子比斯基卷成U形铺在这层塑料纸上，并且在表面涂抹上糖浆。

在勺子比斯基内层抹上约2厘米厚的巴伐利亚香草奶油，并放入冻好的树莓蛋糕夹心。

挤入少许柚子奶油，用巴伐利亚香草奶油把顶部封上，再摆上8厘米宽的勺子比斯基并在表面抹上树莓糖浆。

将蛋糕半成品放入冰箱冷冻至少1晚，第二天将蛋糕脱模后再将其摆在沙布雷酥饼上，事先可以用少许树莓果酱抹在饼干表面充当黏合剂。最后用PCB品牌的带状水果软糖（如果没有也可以用玫瑰杏仁糖泥）、树莓马卡龙（自制最佳）、切块的树莓果以及树莓果酱等对蛋糕进行装饰即可。

树莓泡芙

树莓泡芙

用于制作泡芙的生面团可以提前几天做好，注意要将它们冷冻保存。

原料准备时间：4 小时

静置时间：4 小时

烤制时间：30 分钟

10~12人份

配料

1. 香草甜挞皮
120克软化黄油
80克糖霜
¼根香草荚
25克杏仁粉
1小勺盐之花
1个鸡蛋
200克T45面粉

2. 卡仕达酱夹心
100克全脂鲜奶油
500毫升全脂牛奶
2根香草荚
6个蛋黄
120克细砂糖
50克MAÏZENA®玉米淀粉
80克黄油

3. 泡芙脆皮
100克软化黄油
120克红糖
草莓红色素
120克T45面粉

4. 闪电泡芙面糊
100毫升全脂牛奶
100毫升清水
3克食盐
2克细砂糖
100克黄油
（还需多准备一些用来涂抹烤盘）
100克T45面粉
200克蛋液（用5~10克清水稀释）

5. 树莓果酱
150克细砂糖
4克NH果胶
250克树莓
10克柠檬汁
天然香料（如薰衣草或紫罗兰）

6. 蛋糕摆盘
椰蓉
椰味烤蛋白

所需工具
星形裱花嘴
扁口裱花嘴

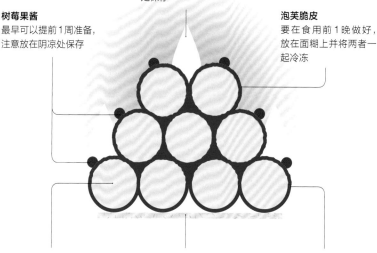

椰味烤蛋白
最早可以提前1~2周做好，注意放在阴凉干燥处保存

泡芙脆皮
要在食用前1晚做好，放在面糊上并将两者一起冷冻

树莓果酱
最早可以提前1周准备，注意放在阴凉处保存

卡仕达酱夹心
只能在食用前1晚做好并冷藏

香草甜挞皮
最早可以提前1周做好，注意冷藏

闪电泡芙面糊
可以提前1晚做好并冷冻保存。

烘焙贴士

这款蛋糕的制作可以采用三种方案：

1. 提前1晚准备泡芙面糊和卡仕达酱，到食用当天烤制泡芙，并完成"拼装"及装饰步骤。

2. 提前准备好泡芙面糊并将其冷冻，到食用当天先把面糊解冻，随后烤制泡芙，并完成各类装饰和装盘。

3. 在食用前1晚把泡芙烤好，第二天将其放入80摄氏度的烤炉中回温，随后完成装饰和装盘。

别忘了在盛放蛋糕时还要在底部垫上一层纸板。

1.制作香草甜挞皮：

取一只大碗加入软化黄油，接着撒入糖霜、香草碎、杏仁粉和盐之花并用刮刀搅拌。

在碗中打1个鸡蛋，并把蛋液打散，接着将面粉过筛并撒在混合物中，注意过程中需要不停地搅拌，最终将混合物揉成面团。

用保鲜膜将面团包裹并放入冰箱冷藏2小时。

把烤箱预热至180摄氏度，在预热的同时在案板上撒上一层面粉，把面团擀成约4毫米厚，随后切出长、宽分别为22厘米×6厘米的长方形。将挞皮放在烤盘中，用叉子在表面叉出若干小孔，最后烤制15分钟左右即可。

2. 制作卡仕达酱夹心：

将奶油打发成香缇奶油霜，并放在阴凉处备用。

在锅中倒入牛奶、香草籽以及香草荚煮开，关火后放置至少1小时，以使其入味，也放在一边备用。

在熬煮牛奶的同时取一只大碗，并在其中加入蛋黄、细砂糖和玉米淀粉，稍稍搅拌，注意不要把蛋黄打发。

在香草牛奶静置1小时后将其再次煮开，随后倒出约1/3的热牛奶到上一步的混合物中拌匀。

把这部分混合物再倒回到牛奶中并转大火加热，在此过程中不停搅拌。当观察到奶油开始变厚时，迅速关火并加入黄油，继续搅拌直到黄油完全融进奶油酱中。

用保鲜膜封住锅口以防止其变干，之后先在冷冻室里放置10分钟，待其冷却后再转至冷藏室放2小时。

把冻好的卡仕达酱倒入干净的容器中打发2分钟（使其软化），最后再拌入奶油霜即可。

3. 制作泡芙脆皮：

用打蛋器压碎黄油并通过搅拌使其软化，接着一次性加入红糖、草莓红色素和面粉并不停搅拌、揉搓。

把揉好的面团擀成约1毫米厚的面饼，随后用两层烘焙纸把面饼夹在中间并放入冰箱冷冻保存（直至使用前）。

使用前先将面饼切成多个约1.5厘米宽、10厘米长的条，然后把它们放入冰箱冷冻保存。注意所有的操作都必须在冷冻过的烤盘上进行，防止面饼受热变软。

4. 烤制闪电泡芙面糊：

在大锅中加入牛奶、清水、食盐、细砂糖和黄油并用文火熬煮，待混合物煮开后关火，再一次性将所有面粉过筛并倒入其中，用刮刀拌匀。继续用文火加热面糊，此过程中还需用力搅拌2分钟（中间不能停顿），直到面糊变光滑并且不再粘在锅底时关火。

将面糊倒入另一个干净的容器中，打入蛋液并搅拌均匀。

合格的泡芙面糊应当具有很强的弹性，几乎和果泥一样柔软，如果面糊太厚，可以用少许清水将其稀释。在烤盘上抹上一层黄油，然后用星形花嘴在其中挤出几条约1厘米宽、30厘米长的面糊，注意每条面糊之间留足间隔，之后在面糊表面轻轻摆上冻好的泡芙脆皮。

将泡芙放入180摄氏度的烤箱中烤制15分钟，烤盘要放在烤箱中部，以保证均匀受热。注意烤制中途不能打开烤箱门。

5. 准备树莓果酱：

取一半的细砂糖和NH果胶混合。

另取一个容器将树莓和另外一半细砂糖混在一起搅拌1分钟。

把打好的果酱倒入厚底锅中煮开，随后倒入第一步中的细砂糖和NH果胶混合物。

继续加热将混合物重新煮沸，并保持1分钟。

往锅中加入柠檬汁，熬煮10秒左右后再加入天然香料，此时可以品尝一下并做必要的调整。

您还可以将熬好的果酱稍稍过滤，以除去其中的固体杂质，最后将其放凉即可。

6. 最后进行蛋糕的组装：

把烤好的闪电泡芙两端切掉，做成多个约9厘米宽的空心泡芙，并用扁口花嘴在其中填入卡仕达酱夹心。

将泡芙的两端蘸上椰蓉，然后在表面抹上树莓果酱，并将它们有序地堆在香草甜挞皮上。

最后在顶部放上少许烤蛋白块做装饰即可。

小贴士： 您可以根据喜好更换蛋糕夹心和果酱的口味及颜色。

热带情人

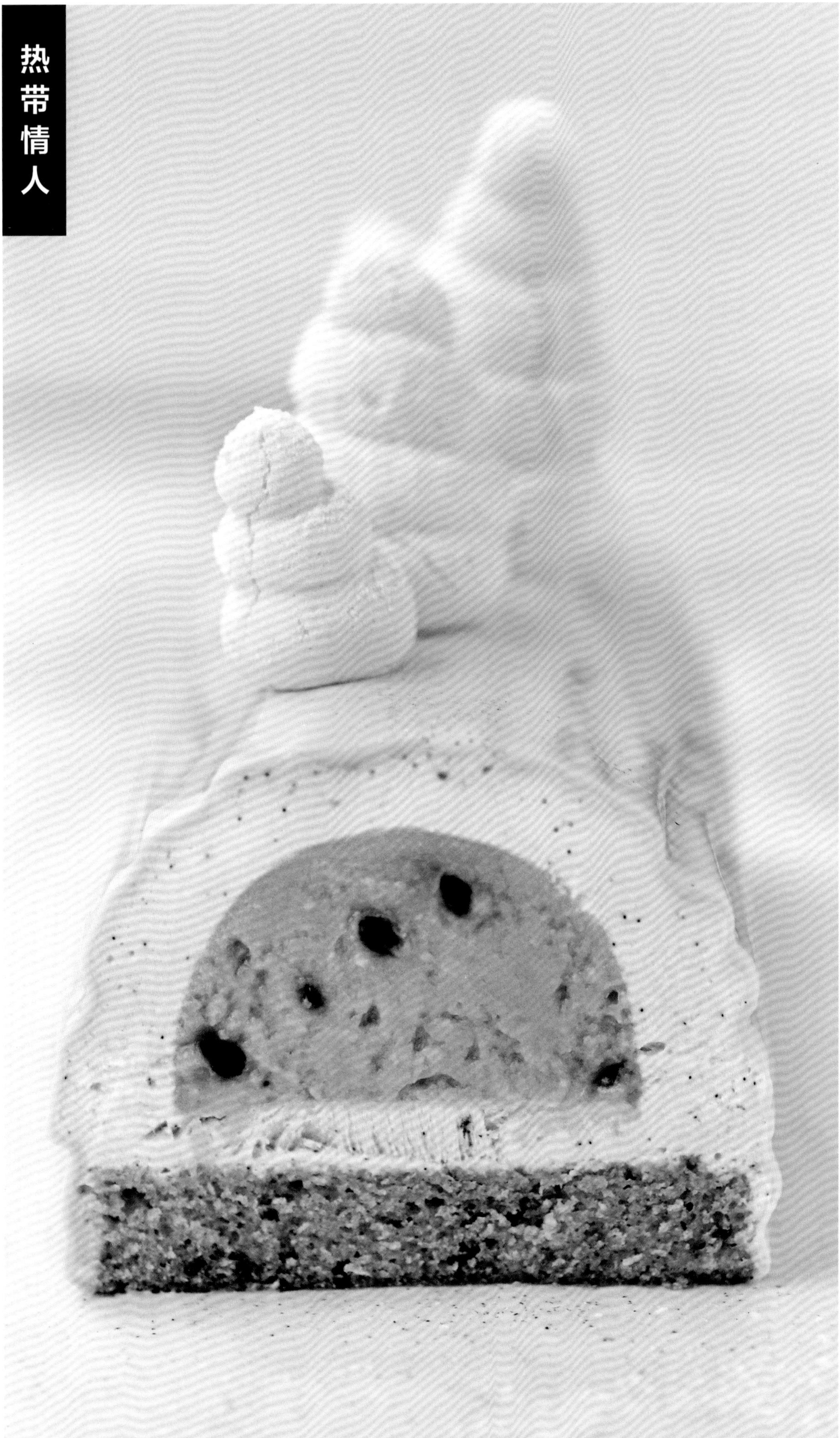

热带情人

原料准备时间：5小时

烤制时间：30分钟

静置时间：至少1晚

10人份

配料

1. 茴香玛德琳比斯基

50克黄油

120克细砂糖

1个黄柠檬（取果皮备用）

2个鸡蛋

25克全脂鲜牛奶

125克T45面粉

4克泡打粉

5克柠檬汁

75克初榨橄榄油

1小勺天然绿色色素

10克青茴香

2. 杧果百香果蛋糕夹心

2克吉利丁片

60克杧果果酱

100克百香果果酱

3个百香果

40克蛋黄

45克鸡蛋

35克红糖

45克黄油

3. 特浓香草慕斯

4克吉利丁片

30克蛋黄

30克细砂糖

100毫升全脂牛奶

15克厚奶油

1根香草荚

5克香草精

300克打发奶油霜

4. 茴香淋面酱

8克吉利丁片

55克清水

110克细砂糖

110克葡萄糖

75克炼乳

125克法芙娜伊芙瓦®巧克力

食用色素（白色、柠檬黄及开心果绿）

5. 蛋糕装盘：

火炬状烤蛋白

所需工具

SILIKOMART®品牌的24厘米

树桩蛋糕模具

8厘米×24厘米的沟槽蛋糕模具

不锈钢甜品抹刀

厨房用温度计

4厘米宽的沟槽模具

Rhodoïd®塑料纸

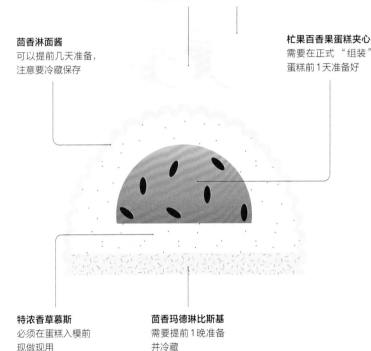

火炬状烤蛋白
最早可以提前1周做好，注意需要用保鲜膜密封，并放在阴凉干燥处保存

茴香淋面酱
可以提前几天准备，注意要冷藏保存

杧果百香果蛋糕夹心
需要在正式"组装"蛋糕前1天准备好

特浓香草慕斯
必须在蛋糕入模前现做现用

茴香玛德琳比斯基
需要提前1晚准备并冷藏

烘焙贴士

这款蛋糕的制作可以采用两种方案：

1.提前把蛋糕各部分填入模具冷冻。注意玛德琳比斯基和夹心需要提前1天做好，淋面酱和烤蛋白最早可以提前1周做好，而香草慕斯则必须做现用。

到食用当天为蛋糕加上装饰，注意蛋糕成品做好后，需要先冷冻3小时再转移至冷藏室保存，直到最终食用前。

2.提前把树桩蛋糕的各部分"组装"好然后冷冻保存：注意要用保鲜膜将蛋糕严密包裹，到食用当天为其浇上淋面酱并添加装饰即可。

1. 制作茴香玛德琳比斯基:

将烤箱预热至170摄氏度。

用文火将黄油融化,随后放凉备用。

另取一只大碗并在其中加入细砂糖和鸡蛋,稍稍打发后再加入柠檬皮、黄油、牛奶、柠檬汁、橄榄油以及绿色色素等配料,并搅拌均匀,之后拌入过筛的面粉和泡打粉。

继续搅拌面糊并加入青茴香。

在长24厘米的蛋糕模具中涂抹黄油并撒上一层面粉,倒入面糊并抹平表面后将其放入烤箱烤制30分钟。可以通过观察小刀侧切面是否残留面糊的方法检验蛋糕是否烤好。

把烤好的蛋糕放凉后从中切出一块厚约1厘米的长方形备用。

2. 准备杞果百香果蛋糕夹心:

用凉水把吉利丁片泡软;在锅中倒入各种果酱、百香果果肉和红糖,再打入鸡蛋并加热至72摄氏度。

关火后继续加入沥干的吉利丁片,待混合物温度降至60摄氏度时,加入切成小块的黄油并搅拌均匀。

把夹心酱倒入用保鲜膜覆盖的沟槽模具中,并放入冰箱冷冻保存。

3. 制作特浓香草慕斯:

用凉水把吉利丁片泡软。

将牛奶、厚奶油、香草精、细砂糖和香草荚一起放入锅中煮开。

倒入加细砂糖打发的蛋黄,之后继续把混合物加热至82摄氏度,并拌入沥干的吉利丁片。

关火后将其放凉,但注意不能使其凝固,最后拌入打发奶油霜即可。

4. 制作茴香淋面酱:

用凉水把吉利丁片泡软。

在锅中加入细砂糖、葡萄糖和清水熬煮糖浆,接着往糖浆里加入炼乳和沥干的吉利丁片。

待混合液温度达到85摄氏度左右时,加入巧克力并稍稍搅拌,之后再滴入食用色素,并用Bamix®打蛋器将混合物完全拌匀。

5. 进行蛋糕 "组装" 和摆盘:

先在模具内壁贴上一层塑料纸或烘焙纸,接着在其表面抹上约4厘米厚的特浓香草慕斯,把冻好的杞果百香果夹心放在凹槽中,并用剩下的慕斯把模具填满,抹平表面后放上玛德琳比斯基压实。

把蛋糕放入冰箱冷冻几个小时,最好能冻一整晚。

用微波炉把淋面酱稍稍烤热,稍稍搅拌淋面酱使其更顺滑;

将蛋糕脱模并撕去表面的塑料纸,把温热的淋面酱浇注在冻硬的蛋糕上,如果发现淋面不均匀还可以再浇一次,再把蛋糕放回冰箱冷冻室使其定型。

最后在蛋糕顶部摆上几块火炬状烤蛋白,用作装饰。

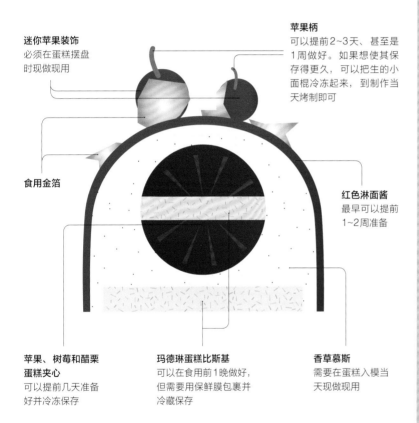

小小苹果

原料准备时间：5小时

烤制时间：2小时

10人份

配料

1. 玛德琳蛋糕比斯基
50克黄油
2个鸡蛋
120克细砂糖
1个柠檬（剥下果皮备用）
25克牛奶
5克柠檬汁
75克初榨橄榄油
1小勺天然色素
125克T45面粉
4克泡打粉

2. 苹果、树莓和醋栗蛋糕夹心
6 个黄苹果
100克树莓果泥
100克醋栗果泥
3克VITPRIS天然果胶粉

3. 香草慕斯
5克吉利丁片
250毫升全脂牛奶
1根香草荚
90克蛋黄
50克细砂糖
225克打发奶油霜

4. 红色淋面酱
15克吉利丁
125毫升清水
225克细砂糖
225克葡萄糖
150克炼乳
250克法芙娜®伊芙瓦巧克力
5克红色脂溶性色素

5. 迷你苹果装饰
100毫升清水
300克细砂糖
30克葡萄糖
红色水溶性色素
150克吕贝克杏仁酱
（含53%杏仁成分）

6. 苹果柄
50克软化黄油
50克蛋清
50克糖霜
50克T45面粉

7. 蛋糕装盘
食用金箔

所需工具
长度24厘米的树桩蛋糕模具
直径24厘米的圆形蛋糕模具
2个5厘米宽的沟槽模具
2毫米圆口花嘴
Rhodoïd®塑料纸

迷你苹果装饰
必须在蛋糕摆盘时现做现用

苹果柄
可以提前2~3天、甚至是1周做好。如果想使其保存得更久，可以把生的小面棍冷冻起来，到制作当天烤制即可

食用金箔

红色淋面酱
最早可以提前1~2周准备

苹果、树莓和醋栗蛋糕夹心
可以提前几天准备好并冷冻保存

玛德琳蛋糕比斯基
可以在食用前1晚做好，但需要用保鲜膜包裹并冷藏保存

香草慕斯
需要在蛋糕入模当天现做现用

烘焙贴士

这款蛋糕的制作可以采用两种方案：

1.提前几天做好蛋糕夹心、淋面酱，在蛋糕入模前1晚做好比斯基，到食用当天再制作香草慕斯，等到蛋糕各部分填入模具后还需要冷冻至少3小时，最后为其浇上淋面酱、添加装饰即可。

2.提前把树桩蛋糕的各部分"组装"好然后冷冻保存：注意要用保鲜膜将蛋糕严密包裹，到食用当天为其浇上淋面酱并添加装饰即可。

别忘了在盛放蛋糕时还要在底部垫上一层纸板。

1. 制作玛德琳蛋糕比斯基：

将烤箱预热至170摄氏度。

用文火将黄油融化，放凉后备用。

另取一只大碗加入细砂糖和鸡蛋，稍稍打发后再加入柠檬皮、黄油、牛奶、柠檬汁、橄榄油以及天然色素等配料并搅拌均匀，之后加入过筛的面粉和泡打粉。

继续搅拌面糊至均匀。

在24厘米的蛋糕模具中涂抹黄油并撒上一层面粉，倒入面糊并抹平表面后将其放入烤箱烤制30分钟。可以通过观察小刀侧切面是否残留面糊的方法检验蛋糕是否烤好。

把烤好的蛋糕放凉后，将其切出两块厚约1厘米的长方形蛋糕备用。

2. 制作苹果、树莓和醋栗蛋糕夹心：

如果您所使用的模具是镀锡铁材质的，那么在制作蛋糕夹心前一定要先在其内壁上附上一层保鲜膜，否则模具本身会使蛋糕夹心氧化，并且在其表面印上难看的灰黑色。

将黄苹果削皮并沿着水平方向横切成两半，刮去苹果核后再将其塞进树莓果泥、醋栗果泥和果胶粉的混合物中，用铝箔纸封口。

用烤箱以160摄氏度烤制约1小时30分钟直到把苹果完全烤软。待其冷却后挤出苹果汁，把果汁过滤并倒进剩下的果泥里拌匀，最后将其倒入沟槽模具里冷冻成形。

3. 制作香草慕斯：

用凉水把吉利丁片泡软。

在锅中加入牛奶、香草籽和香草荚煮开。在熬煮牛奶的同时往蛋黄里加入细砂糖打发，随后把热的香草牛奶倒入打发的蛋黄中拌匀。

把混合物倒回锅中，继续加热至浓稠状态（此时温度大约是82摄氏度），然后再加入沥干的吉利丁片。

把混合物放凉后再拌入打发奶油霜即可。

4. 制作红色淋面酱：

用凉水把吉利丁片泡软。

在锅中倒入清水、细砂糖和葡萄糖熬煮糖浆，关火后再加入炼乳和沥干后的吉利丁片拌匀。

接着往混合物中加入巧克力和红色脂溶性色素，注意需要不停搅拌。

待淋面酱冷却下来且稍稍变厚后即可使用，注意在第一层淋面酱冻硬后还要浇第二次。

5. 制作迷你苹果装饰：

用清水加入细砂糖、葡萄糖和红色水溶性色素拌匀备用。

把杏仁酱搓成小球，并用牙签插着杏仁酱球浸入红色焦糖酱中。

待焦糖酱冻硬后抽出牙签，并用少许食用金箔装饰。做好的苹果装饰要放在干燥处保存。

6. 制作苹果柄：

用力将黄油打发，使其软化，接着加入蛋清、糖霜和过筛后的面粉，不停搅拌直到面糊变均匀。

用烘焙纸卷成的圆锥纸筒或裱花袋填装面糊，随后用2毫米口径的圆形花嘴在烤盘中挤出若干细条苹果柄，注意事先要在烤盘里铺上一层防油纸。

用烤箱以160摄氏度烤一会儿，直至苹果柄变成棕色，随后将其取出并借助牙签把它们插入做好的迷你苹果装饰上。

7. 蛋糕装盘：

在树桩蛋糕模具内壁贴上一层塑料纸，然后在表面上抹一层厚厚的香草慕斯，并把冻好的苹果夹心放入凹槽中。

在这层夹心的顶部抹一层薄薄的奶油（做黏合剂），接着摆上一块宽4~5厘米、长约24厘米的比斯基，在饼底表面再抹上薄薄的一层慕斯，然后用另一块蛋糕夹心将整体拼成一个圆柱形状（如图所示）。

用剩下的香草慕斯把模具填满，最后在顶部铺上7厘米×24厘米的比斯基。

把半成品蛋糕放入冰箱冷藏1小时，然后转移至冷冻室保存。

待蛋糕完全冻硬后将其脱模并放在烤盘上浇上淋面酱，注意蛋糕脱模后要立刻浇淋面酱，如果放太久了表面可能会结霜，这会影响到淋面酱与蛋糕的黏合。

待淋面酱滴尽后将蛋糕摆在垫板上，最后在表面加上迷你苹果装饰即可。

橘子小姐

原料准备时间：5 小时
烤制时间：20分钟左右
静置时间：2个晚上
10人份

配料

1. 糖渍橘子
200克橘子
150毫升清水
150毫升橘子汁
150克细砂糖

2. 橘子果泥
300克橘肉
160克细砂糖
6克NH果胶

3. 香草奶油夹心
3克吉利丁片
190克全脂鲜奶油
75毫升全脂牛奶
半根香草荚
60克蛋黄
65克冰糖

4. 蜂蜜杏仁比斯基
30克焦化黄油
90克杏仁酱（杏仁成分65%）
65克细砂糖
25克蜂蜜
110克鸡蛋
35克T45面粉
1克泡打粉

5. 橘子糖浆
100毫升橘子汁
25克细砂糖
橘子皮（切碎）

6. 栗子蛋黄慕斯（萨芭雍）
3克吉利丁片
30克栗子奶油
75克栗子酱
35克蛋黄
20克细砂糖
15克清水
15克朗姆酒
190克打发奶油霜

7. 香橙蛋糕绒面
200克可可脂
200克法芙娜伊芙瓦®考维曲巧克力
粉末状脂溶性香橙色素
（也可选用红色或黄色）

所需工具

长度24厘米树桩蛋糕模具
4~5厘米宽的U形沟槽模具
厨房用温度计
Rhodoïd®塑料纸
瓦格纳尔甜品喷枪
滤布
甜品抹刀

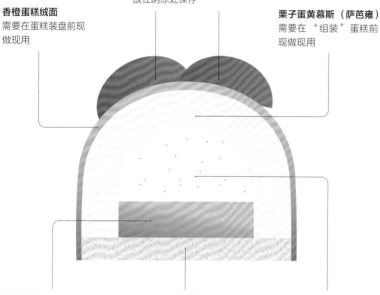

糖渍橘子
可以提前几天做好，注意要放在阴凉处保存

香橙蛋糕绒面
需要在蛋糕装盘前现做现用

栗子蛋黄慕斯（萨芭雍）
需要在"组装"蛋糕前现做现用

橘子果泥
可以提前几天做好，注意要放在阴凉处保存

蜂蜜杏仁比斯基
需要至少提前1晚做好并放置在阴凉处保存

香草奶油夹心
可以提前几天做好并冷冻保存

烘焙贴士

这款蛋糕的制作可以采用两种方案：

1.提前几天做好除栗子慕斯的蛋糕各部分，并在"组装"步骤的前1晚做好饼底，到第二天制作慕斯奶油，最后将蛋糕各部分填入模具，冷冻成形后再喷上蛋糕绒面并用糖渍橘子进行装饰即可。

2.提前把树桩蛋糕的各部分"组装"好然后冷冻保存：注意要用保鲜膜将蛋糕严密包裹，食用当天在仍处于冷冻状态的蛋糕表面喷上绒面，并添加装饰即可。

别忘了在盛放蛋糕时还要在底部垫上一层纸板。

1.（提前1晚）制作糖渍橘子：

将整个橘子放入开水中煮1小时，以去除果皮中的苦味。

接着把橘子切成四瓣，并放在清水、细砂糖和橘子汁混合而成的糖浆中，用文火熬制20分钟。

把橘瓣在糖浆中浸泡1晚，之后再放在烤架上沥干。

做好的糖渍橘子可以放在密封的容器中保存，也可以直接冷冻起来。

2. 制作橘子果泥：

将整个橘子放入开水中煮1小时，以去除果皮中的苦味。

将橘子沥干并切成小块，随后和细砂糖及NH果胶一起加热翻炒30分钟，直到把橘子煮烂并浸满焦糖后再盛到冷盘中（使其结晶）。

3. 制作香草奶油夹心：

用凉水把吉利丁片泡软。

在锅中加入鲜奶油、牛奶和切成两半的香草荚并用中火熬煮。

在熬煮香草奶油的同时往蛋黄里倒入冰糖稍稍打发，再将其倒入香草牛奶中一起加热，直到混合物达到85摄氏度。

把吉利丁片沥干并放在混合物中，拌匀后再将其倒入U形沟槽模具里。注意事先要在模具内壁上贴上一层塑料纸。

把模具放入冰箱冷冻成形直到最后使用，如果没有相应的沟槽模具，也可以用直径24厘米的圆形蛋糕模具替代。

4. 制作蜂蜜杏仁比斯基：

将烤箱预热至160摄氏度。

在锅中放入黄油，熬至金黄色后关火，放在一旁备用。

往杏仁酱中加细砂糖、蜂蜜和鸡蛋，然后倒入温的黄油并用力将混合物拌匀。

继续往混合物中拌入过筛的面粉和泡打粉，并将面糊倒入带卷边的烤盘中约1厘米厚，注意事先还需要用烘焙纸把烤盘包起来。

放入烤箱烤制20多分钟，最后从烤好的比斯基里切出长度为24厘米、宽度分别为3厘米和8厘米的两块。

5. 制作橘子糖浆：

压榨橘子果肉得到橘子汁，接着倒入细砂糖和橘子皮碎拌匀，稍稍加热后再放凉即可。

6. 制作栗子蛋黄慕斯（萨芭雍）：

用凉水把吉利丁片泡软。

将栗子奶油、栗子酱、蛋黄、细砂糖和清水均匀混合，并水浴加热至60摄氏度，之后再用电动打蛋器打发10分钟，直到混合物变成均匀的慕斯状。

把吉利丁片沥干后和朗姆酒一起倒入锅中稍稍加热，使吉利丁片溶化。接着分三次把栗子慕斯加到混合液中，注意过程中需要不停搅拌。

最后再往混合物中拌入打发奶油霜即可。

7. 制作香橙蛋糕绒面：

在制作绒面前先把甜品喷枪在温暖的地方放置1晚。

用微波炉或水浴加热法加热可可脂和考维曲巧克力，待其融化成巧克力酱后，从中舀出一小勺到香橙色素中，让粉末溶化，之后再把这部分混合物倒回到巧克力酱中拌匀，这样能让脂溶性色素和巧克力混合更均匀。

用电动打蛋器搅拌混合物，注意要把钩爪伸到液面以下，随后用滤布过滤绒面并将其和喷枪一起放入烤箱保温，绒面酱的温度要维持在30~35摄氏度否则可能变硬，如果您的烤箱没有保温功能，也可以用水浴加热装置替代。

8. 蛋糕的"组装"及摆盘：

先在树桩蛋糕模具的内壁上贴上一层塑料纸，接着在内壁上抹一层2厘米厚的栗子蛋黄慕斯，并把香草奶油夹心嵌入凹槽中。

把3厘米宽的比斯基摆在香草奶油夹心顶部压实，并在表面抹上一层橘子糖浆。

接着在这层蛋糕饼上抹一层3厘米厚的橘子果泥，用剩下的栗子蛋黄慕斯填满模具的空隙，并用8厘米宽的比斯基封顶，在这层饼底表面也抹上一层橘子糖浆。

把蛋糕放入冰箱冷冻1晚，第二天脱模后将其放在烤架上喷上香橙蛋糕绒面。

装盘阶段，先在比树桩蛋糕略大的底板上抹上少许香草奶油酱，这么做是为了防止蛋糕放上去后滑动，小心地把树桩蛋糕摆在中央，最后用糖渍橘子点缀即可。

原料准备时间：5 小时

烤制时间：15~20分钟

静置时间：1晚

10人份

配料

1. 椰香蛋糕比斯基
100克蛋清
50克细砂糖
45克杏仁粉
45克椰蓉
75克红糖
20克T45面粉

2. 青柠檬菠萝果泥
325克菠萝果肉
半个青柠檬（剥下果皮备用）
5克果胶
60克细砂糖
4克朗姆酒
绿色和黄色色素

3. 柠檬菠萝慕斯夹心
4克吉利丁片
100克新鲜菠萝
80克青柠檬汁
1个青柠檬（剥下果皮备用）
70克蛋液+15克蛋黄
55克细砂糖
70克黄油
4克朗姆酒

4. 椰香慕斯
6克吉利丁片
120椰奶或椰肉泥
210克可可含量35%的白巧克力
240克打发奶油霜

5. 蛋糕淋面酱
10克吉利丁片
150毫升清水
200克细砂糖
¼个青柠檬（剥下果皮备用）
1根煮过的香草荚
绿色和黄色色素

6. 蛋糕装盘
黄色巧克力圆片

所需工具

长度24厘米的树桩蛋糕模具
厨房用温度计
4~5厘米直径的沟槽模具
漏勺
7厘米×24厘米尺寸的长方形蛋糕模具
Rhodoïd® 塑料纸
一张尺寸比蛋糕略大的垫板

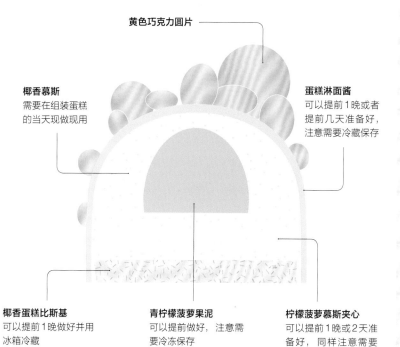

黄色巧克力圆片

椰香慕斯
需要在组装蛋糕
的当天现做现用

蛋糕淋面酱
可以提前1晚或者
提前几天准备好，
注意需要冷藏保存

椰香蛋糕比斯基
可以提前1晚做好并用
冰箱冷藏

青柠檬菠萝果泥
可以提前做好，注意需
要冷冻保存

柠檬菠萝慕斯夹心
可以提前1晚或2天准
备好，同样注意需要
冷冻保存

烘焙贴士

这款蛋糕的制作可以采用三种方案：

1.提前1晚做好蛋糕各个部分，到第二天蛋糕入模前再制作椰香慕斯，并完成"拼装"及装饰步骤。

2.提前把树桩蛋糕的各部分组装好然后冷冻起来，在蛋糕成形后用保鲜膜严密包裹。到食用当天浇上淋面酱再添加装饰即可。别忘了在盛放蛋糕时还要在底部垫上一层纸板。

3.您也可以把蛋糕完全做好（包括淋面），接着把完整的成品放入纸盒或隔热包装中冷冻，到食用当天先将其转移至冷藏室解冻几小时再食用。

1. 制作椰香蛋糕比斯基：

将烤箱预热至180摄氏度。

在蛋清中加入细砂糖将其打发，接着加入杏仁粉、椰蓉、红糖和面粉拌匀。

在烤盘里铺上一层烘焙纸，随后在其中将半流体状的面糊抹成约10厘米宽、40厘米长、12毫米厚的长方形，烤制15~20分钟即可。

2. 制作青柠檬菠萝果泥：

将菠萝切块并取其中一半用搅拌机打成果泥，接着加入切碎的青柠檬皮和剩下的完整菠萝块，一起静置几分钟。

把混合物倒进锅中熬煮，在温度达到50摄氏度时拌入细砂糖和果胶，继续加热将其煮沸后关火，稍稍搅拌几下，随后静置放凉。

往混合物中倒入朗姆酒和几滴色素拌匀，最后再把果泥倒进沟槽模具中冻起来。

3. 制作柠檬菠萝慕斯夹心：

用凉水把吉利丁片泡软。

将菠萝、青柠檬汁及柠檬果皮倒在一起，用搅拌机打成泥。

把果泥倒进锅中煮开，接着加入蛋液拌匀，重新开火将其二次煮沸，再加入沥干后的吉利丁片。

将混合物简单过滤，等到其温度降至40摄氏度左右时，倒入黄油和朗姆酒拌匀，最后把果泥倒进7厘米×24厘米的长方形模具中冷冻。

4. 制作椰香慕斯：

用凉水把吉利丁片泡软。

在锅中加入椰奶和吉利丁片一起熬煮，之后将混合液分两次倒入白巧克力中。注意过程中要不停搅拌，做出的甘纳许应当具有丝滑的质感。待甘纳许温度达到35摄氏度（如果温度过低可以稍稍加热使其回温）时拌入打发奶油霜即可。

5. 制作蛋糕淋面酱：

用凉水把吉利丁片泡软。

在锅中倒150毫升清水，加入细砂糖、柠檬果皮、香草碎和香草籽一起煮沸，关火后再放入沥干后的吉利丁片和色素，并用打蛋器拌匀。

用漏勺将混合液中的固体杂质滤去，并将淋面酱冷藏保存。

6. 最后进行蛋糕的组装及摆盘：

先在树桩蛋糕模具的内壁上贴上一层塑料纸，接着在其表面抹上约4厘米厚的椰香慕斯，并把冻好的青柠檬菠萝果泥嵌入小凹槽中。

用一层椰香慕斯把果泥的顶部盖住并抹平，再依次摆上柠檬菠萝慕斯夹心和椰香蛋糕比斯基。

用剩下的椰香慕斯填满模具空隙并将顶部抹平，随后把蛋糕放入冰箱冷藏1晚，第二天脱模后再放在烤架上浇上淋面。

装盘阶段，先在比树桩蛋糕略大的底板上抹上少许奶油霜（这么做是为了防止蛋糕放上去后滑动）。小心地把树桩蛋糕摆在中央，最后再用若干黄色巧克力圆片作装饰即可。

驹井慕斯蛋糕

这款蛋糕是由日本亨利·夏庞蒂埃品牌的主厨驹井隆广创作的，它也因此得名。

原料准备时间：4 小时

烤制时间：30~45分钟

静置时间：至少2小时

10人份

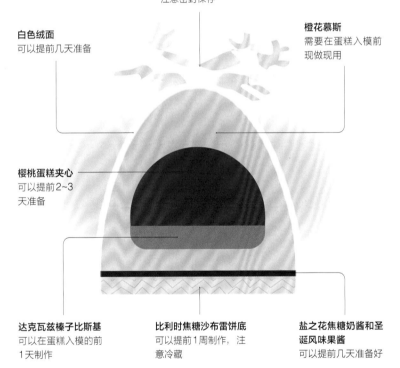

巧克力装饰
可以提前几天做好，
注意密封保存

白色绒面
可以提前几天准备

橙花慕斯
需要在蛋糕入模前
现做现用

樱桃蛋糕夹心
可以提前2~3
天准备

达克瓦兹榛子比斯基
可以在蛋糕入模的前
1天制作

比利时焦糖沙布雷饼底
可以提前1周制作，注
意冷藏

盐之花焦糖奶酱和圣
诞风味果酱
可以提前几天准备好

烘焙贴士

这款蛋糕的制作可以采用三种方案：

1.提前1晚做好蛋糕各部分，第二天蛋糕入模前再制作橙花慕斯，并完成"拼装"及装饰步骤。

2.提前把树桩蛋糕的各部分组装好然后冻起来，在蛋糕成形后用保鲜膜严密包裹。到食用当天在蛋糕表面喷上白色绒面再添加装饰即可。别忘了在盛放蛋糕时还要在底部垫上一层纸板。

3.您也可以把蛋糕完全做好（包括绒面表面），接着把完整的成品放入纸盒或隔热包装中冷冻，到食用当天先将其转移至冷藏室解冻几小时再食用。

配料

1. 比利时焦糖沙布雷饼底
20克鸡蛋
100克黄油
100克赤砂糖
30克细砂糖
10克全脂牛奶
200克T45面粉
5克泡打粉
5克肉桂粉（根据肉桂质量的不同用量可能还需要适当增加）
1克精盐

2. 达克瓦兹榛子比斯基
60克榛子粉
70克糖霜
70克蛋清
20克细砂糖

3. 盐之花焦糖奶酱
100克细砂糖
15克葡萄糖
50克温的全脂奶油
半根香草荚
2克盐之花
80克凉黄油

4. 圣诞风味果酱：
25克无花果干
10克李子干
25克杏干
85毫升苹果汁
85毫升清水
40克细砂糖
10克葡萄干
5克柠檬果酱
5克糖渍橙子
10克橙汁
1小勺肉桂粉
1小勺小豆蔻
1小勺青茴香

5. 橙花慕斯
150克蛋黄
80克细砂糖
50毫升清水
10克吉利丁片
10克君度水果利口酒
420克打发奶油霜
1根香草荚
20克特级橙花水
25克糖渍橙子碎

6. 樱桃蛋糕夹心
5克吉利丁片
250克樱桃果泥
30克细砂糖

7. 装盘
白色绒面
手工巧克力装饰

所需工具

长度24厘米的树桩蛋糕模具
厨房用温度计
小沟槽模具
5毫米口径的裱花嘴（及裱花袋）
Rhodoïd® 塑料纸
1张尺寸比蛋糕略大的垫板

1. 制作比利时焦糖沙布雷饼底:

把烤箱预热至180摄氏度。

打散鸡蛋,并从中称出20克鸡蛋倒入一个大碗,依次往碗里加入黄油、赤砂糖、肉桂粉、食盐、细砂糖混合,接着加入牛奶,再放入面粉和泡打粉并拌匀。

将盛装面糊的大碗用保鲜膜盖上并放入冰箱冷藏30分钟。

待面糊变为半凝固状态后,将其倒在抹好黄油的烤盘中,再做成和树桩蛋糕模具同样尺寸,即约5毫米厚的长方形面饼,最后烤制10~15分钟即可。

2. 制作达克瓦兹榛子比斯基:

将烤箱预热至170摄氏度。

将榛子粉放入烤箱烤制十几分钟。

在一张烘焙纸上撒上过筛的糖霜,接着撒上榛子粉拌匀备用。

将蛋清打发,当蛋白霜稍稍成形后,再一点点地撒入细砂糖。等蛋白霜完全坚挺后,再用刮刀拌入糖霜和榛子粉。

在烤盘里铺上一层烘焙纸,倒入面糊,并将其抹成约7厘米×24厘米的一层。

烤制20~30分钟,注意掌握火候不要烤过。

3. 制作盐之花焦糖奶酱:

在厚底锅中倒入细砂糖和葡萄糖,用中火熬煮,等到糖的颜色变焦黄后转小火,并加入温的奶油和香草荚,对糖浆进行稀释,用刮刀不停搅拌直到奶油完全融进糖浆中。注意过程中要用温度计掌控温度,混合物的温度需要保持在106摄氏度左右。关火后,往焦糖奶酱中加入盐之花和切成小块的凉黄油(这样可以给奶酱降温),并将混合物搅拌均匀。把做好的焦糖奶酱倒入干净的容器中,用保鲜膜封口并放在室温下保存(如果是夏天则需要放置在凉爽处)。

4. 制作圣诞风味果酱:

将无花果干、李子干和杏干切成小块状备用。

在锅中倒入苹果汁和清水,加细砂糖煮开,再放入切好的干果和其他配料。

将混合物静置1晚,到第二天重新开火加热直到其慢慢变厚,之后置于阴凉处保存即可。

5. 制作橙花慕斯:

在锅中倒入清水和细砂糖并加热至118摄氏度,之后把熬好的糖浆和蛋黄、香草籽一起倒入一个大碗,并用电动打蛋器打发。

把吉利丁片放入由利口酒和橙花水配成的混合液中浸泡,稍稍加热,使其溶化,随后将吉利丁液倒进蛋黄霜中,再加入糖渍橙子碎拌匀。

最后往混合物中加入打发的奶油霜,搅拌均匀后放在一边备用。

6. 制作樱桃蛋糕夹心:

先用凉水把吉利丁片泡软,接着用文火将其溶化,并加入其他配料拌匀。

把混合液倒入沟槽模具或蛋糕模具中约2厘米深(注意事先要在模具表面附上一层保鲜膜),随后将其放入冰箱冷冻成形。

7. 最后进行蛋糕的组装和摆盘:

用5毫米口径的裱花嘴在比利时焦糖沙布雷饼底的每面上都涂满盐之花焦糖奶酱,并在饼底的中央再抹上一些圣诞风味果酱,随后放在一旁备用。

在树桩蛋糕模具的内壁贴上一层塑料纸,并在表面抹上约4厘米厚的橙花慕斯。

把樱桃蛋糕夹心嵌入凹槽中,盖上一层达克瓦兹榛子比斯基,继续填入橙花慕斯将其覆盖,然后把表面抹平,再用一层比利时焦糖沙布雷饼底封顶,最后把半成品蛋糕放入冰箱冷冻3小时。

蛋糕成形后将其脱模,然后在表面喷上一层白色绒面(做法与137页"焦糖花生陀螺蛋糕"中的白色蛋糕绒面相同)。

用少许蜂蜜或者葡萄糖做黏合剂,把白巧克力装饰贴在蛋糕表面。

白巧克力装饰的做法:先在烘焙纸上用笔勾出鹿角的轮廓,倒上白巧克力,抹平表面后再用小刀沿着所画的线条切出相应的形状,待其冻硬后再撒上少许糖霜即可。

装盘阶段,先在比树桩蛋糕略大的底板上抹上少许焦糖奶酱(这么做是为了防止蛋糕放上去后滑动),小心地把树桩蛋糕摆在中央即可。

阿利坎特开心果蛋糕

原料准备时间：5小时

烤制时间：35~45分钟

10人份

配料

1. 焦糖抹酱
100克细砂糖
15克葡萄糖
50克全脂鲜奶油
半根香草荚
80克黄油
2克盐之花

2. 矩形饼底
125克软化黄油
45克糖霜
1克食盐
115克T45面粉

3. 梨味蛋糕夹心
300克威廉梨
50克细砂糖
4克果胶粉
¼颗顿加香豆（切碎）

4. 开心果达克瓦兹比斯基
40克杏仁粉
45克糖霜
50克蛋清
15克细砂糖
1小勺黄绿色素
10克开心果酱

5. 开心果巴伐利亚奶油
5克吉利丁片
200毫升全脂牛奶
45克开心果酱
4个蛋黄
40克细砂糖
5克樱桃利口酒
220克全脂鲜奶油

6. 焦糖慕斯
3克吉利丁片
150克全脂鲜奶油
2个蛋黄
60克细砂糖
（分两步使用，分别需要15克和45克）
20克清水
70克牛奶

7. 绿色淋面酱
7克吉利丁片
55克清水
110克细砂糖
110克葡萄糖
75克炼乳
125克法芙娜®伊芙瓦巧克力
钛白粉及黄绿色素

8. 蛋糕装饰
绿色马卡龙饼干碎

所需工具
长度24厘米的树桩蛋糕模具
直径24厘米的蛋糕模具
厨房用温度计
5厘米宽的沟槽模具
5毫米花嘴（及裱花袋）
Rhodoïd®塑料纸
1张尺寸比蛋糕略大的垫板

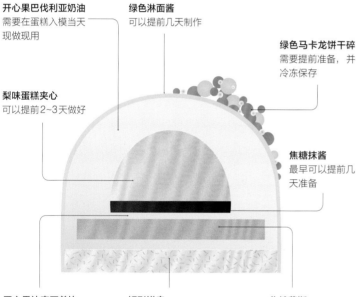

开心果巴伐利亚奶油
需要在蛋糕入模当天现做现用

绿色淋面酱
可以提前几天制作

绿色马卡龙饼干碎
需要提前准备，并冷冻保存

梨味蛋糕夹心
可以提前2~3天做好

焦糖抹酱
最早可以提前几天准备

开心果达克瓦兹比斯基
可以在组装蛋糕前1天准备

矩形饼底
最早可以提前1周做好，注意放在阴凉处保存

焦糖慕斯
可以提前1天甚至是几天做好，注意要冷冻保存

烘焙贴士

这款蛋糕的制作可以采用三种方案：

1. 提前1晚做好蛋糕各个部分，第二天蛋糕入模前制作开心果巴伐利亚奶油，并完成"拼装"及装饰步骤。

2. 提前把树桩蛋糕的各部分组装好然后冻起来，在蛋糕成形后用保鲜膜严密包裹。到食用时在蛋糕浇上淋面酱再添加装饰即可。别忘了在盛放蛋糕时还要在底部垫上一层纸板。

3. 您也可以把蛋糕完全做好（大约提前1周），接着把完整的成品放入纸盒或隔热包装中冷冻，到食用当天先将其转移至冷藏室解冻几小时再食用。

1. 制作焦糖抹酱：

用中火加热细砂糖和葡萄糖的混合物（不加水），待其稍稍变焦黄色关火。

刮下香草籽，加入鲜奶油中，用烤箱把奶油稍稍加热，然后分三次将香草奶油倒入焦糖中，注意过程中要用木勺不停搅拌。

接着往混合物中加入黄油和盐之花，并用中火加热十几秒，关火后再搅拌10秒左右即可。做好的焦糖抹酱奶香浓郁、质地醇厚。

2. 制作矩形饼底：

将烤箱预热至170摄氏度。

用刮刀用力挤压并搅拌黄油，使其软化。

在软化黄油里加入糖霜和食盐，用打蛋器拌匀，接着再倒入面粉并揉成面团。

把面团放在两张烘焙纸中间压扁，随即擀成约7毫米厚的面饼。

把擀好的面饼放进冰箱冷冻几分钟（这样会使切割过程更容易），接着取下表面的烘焙纸，并分别在两面撒上糖霜。

从大块面饼中切出一个长约25厘米、宽约7厘米的长方形，以170摄氏度烤制15~20分钟。

3. 制作梨味蛋糕夹心：

削去威廉梨的果皮并将其切成小块。用30克细砂糖熬煮焦糖酱，并把剩下的细砂糖和果胶粉混合备用。

把梨块、焦糖酱和细砂糖果胶混合物一起放入锅中大火翻炒，之后再把果泥倒入5厘米宽的沟槽模具中冷冻保存（注意要事先在模具内壁附上一层保鲜膜），直到使用前再取出。

4. 制作开心果达克瓦兹比斯基：

将烤箱预热至170摄氏度。

将杏仁粉和糖霜过筛，同时在蛋清中加入细砂糖和色素打发，制作蛋白霜备用。

在开心果酱中加入少量蛋白霜拌匀，接着再拌入杏仁粉和糖霜。

在烤盘中把面糊抹成宽约5厘米、长约24厘米的面饼，烤制20~25分钟后再切除多余的边缘部分即可。

5. 制作开心果巴伐利亚奶油：

用凉水把吉利丁片泡软。

将开心果酱和牛奶混合并用中火煮开。在蛋黄中加入细砂糖稍稍搅拌（不要打发），接着把蛋黄缓缓倒入开心果味牛奶中，一边用小火加热一边用木勺搅拌，直到混合物变浓稠后再加入沥干的吉利丁片。

将混合物放凉后往其中倒入樱桃利口酒，最后拌入打发的鲜奶油即可。

6. 制作焦糖慕斯：

用凉水把吉利丁片泡软。

把鲜奶油倒入大碗中，放进冰箱冷藏一会儿，同时在蛋黄中加入15克细砂糖，并稍稍搅拌（不要打发）。在锅里倒入45克细砂糖并加热熬煮焦糖酱（不要加水），待细砂糖被烤化并慢慢变成褐色时加一点儿水，然后继续加热，注意掌握火候。

将牛奶煮沸后倒入蛋黄中，接着往混合液里倒入焦糖糖浆并把混合物加热至82摄氏度，最终做成焦糖蛋奶酱。关火，并往焦糖蛋奶酱中加入吉利丁片，用刮刀拌匀后稍稍放凉，但不能使奶酱结晶，如果发现奶酱凝固了，则需要稍稍加热回温。把鲜奶油打发，注意在此过程中要慢慢提升打蛋器的转速，待奶油霜体积增大一倍并且可以拉出坚挺的"鸟喙"状时即说明奶油霜已经打好。

最后把奶油霜用刮刀拌入温热的焦糖蛋奶酱中，并将混合液倒入长24厘米的树桩蛋糕模具中冷冻保存。

7. 制作绿色淋面酱：

用凉水把吉利丁片泡软。

往清水里加入葡萄糖和细砂糖并稍稍加热。

接着往糖浆里倒入炼乳和吉利丁片，继续加热直到混合物达到85摄氏度后，再将其倒进巧克力中，最后滴

入色素并把淋面酱搅拌均匀。

8.蛋糕组装及摆盘：

在树桩蛋糕模具内壁上贴上一层塑料纸或保鲜膜。

在蛋糕模具中抹上一层2厘米厚的开心果巴伐利亚奶油，然后放入冰箱冷冻1小时。

在冻硬的奶油表面再抹上一层薄奶油，并在凹槽处嵌入梨味蛋糕夹心。在蛋糕夹心表面抹上焦糖抹酱，然后依次放上开心果达克瓦兹比斯基和脱模的焦糖慕斯，用力压实。

在焦糖慕斯的表面再铺上最后一层矩形饼底，然后把半成品蛋糕放进冰箱冷冻至少2小时。

蛋糕成形后将其脱模，最后浇上绿色淋面酱并撒上绿色马卡龙饼干碎用作为装饰。

装盘阶段，先在比树桩蛋糕略大的底板上抹上少许焦糖慕斯（这么做是为了防止蛋糕放上去后滑动），小心地把树桩蛋糕摆在中央即可。

马戏团小丑

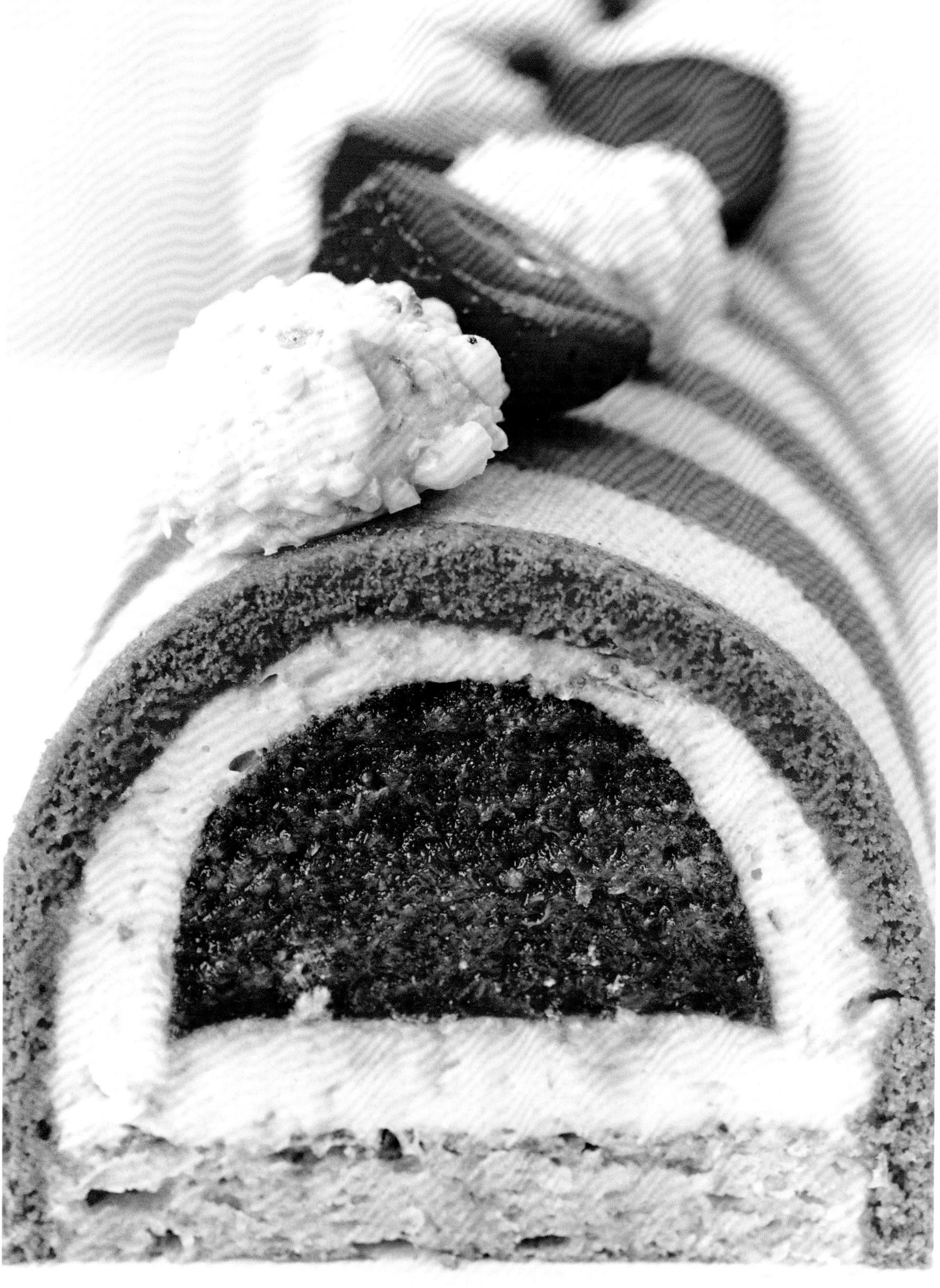

马戏团小丑

原料准备时间：5小时

烤制时间：3小时38分钟

10人份

配料

1. 草莓汁
150克草莓
50克细砂糖

2. 草莓蛋糕夹心
5克吉利丁片
350克草莓果泥
6克马鞭草
半个柠檬（削下果皮备用）

3. 撞色蛋糕比斯基
5个鸡蛋（仅取蛋清）
140克细砂糖
5个蛋黄
140克T45面粉
红树莓色素及黄色色素
足量糖霜

4. 柠檬比斯基
120克蛋清
60克细砂糖
70克杏仁粉
40克糖霜
20克T45面粉
5克奶粉
1个黄柠檬（削去果皮备用）

5. 烤蛋白
125克Arlequin水果硬糖
75克蛋清
75克细砂糖
75克糖霜

6. 意式蛋白霜
40毫升清水
120克细砂糖
75克蛋清

7. 青柠檬奶油慕斯
7克吉利丁片
10克细砂糖
110克青柠檬汁
半个青柠檬
200克意式蛋白霜
190克打发奶油霜

8. 蛋糕装盘
几颗草莓
草莓果酱

所需工具

长24厘米树桩蛋糕模具
小型沟槽模具或圆形蛋糕模具
厨房用温度计
单边锯齿裱花嘴
8毫米口径的平滑口裱花嘴
漏勺

草莓蛋糕装饰件
先把草莓切成两块，然后在表面抹上薄薄的一层草莓果酱

烤蛋白
可以提前1天做好，注意要用保鲜膜密封保存

撞色蛋糕比斯基
可以提前1天做好，注意要用保鲜膜密封保存

青柠檬奶油慕斯
需要在蛋糕入模当天现做现用

柠檬比斯基
最早可以提前1周做好，置于密封容器中并冷冻保存。如果是提前2~3天制作则只需要冷藏

草莓蛋糕夹心
可以提前几天做好，注意直到使用前一直要冷冻保存

烘焙贴士

这款蛋糕的制作可以采用两种方案：

1.提前几天做好蛋糕夹心并冷冻保存，在组装蛋糕前1天做好撞色蛋糕比斯基，到第二天先做好青柠檬奶油慕斯，接着把蛋糕各部分入模，注意要冷冻至少2小时待其成形后再添加装饰，并且直到食用前要始终冷藏。

2.提前把树桩蛋糕的各部分组装好然后冷冻保存：注意要用保鲜膜将蛋糕严密包裹，在食用前先将其放入冷藏室解冻3小时，最后添加装饰件即可。

别忘了在盛放蛋糕时还要在底部垫上一层纸板。

1. 提前1晚榨草莓汁：

将草莓和细砂糖拌匀，封上铝箔纸并用90摄氏度烤制2小时。

之后用滤布挤出果汁并反复过滤，直到草莓汁变透明，再放凉备用。

2. 制作草莓蛋糕夹心：

用凉水把吉利丁片泡软。

取出一半的草莓果泥，加入马鞭草加热，静置10分钟，待其入味后过滤，接着加入软化的吉利丁片和柠檬果皮碎并重新加热。在此过程中再拌入剩下的草莓果泥。

将混合物倒入沟槽模具中约3厘米厚，之后在冷藏室放一会儿，再转入冷冻室保存。

3. 制作撞色蛋糕比斯基：

您可以参考本书第18~21页所介绍的食谱。

将烤箱在通风状态下预热至180摄氏度。

在蛋清中一点点加入细砂糖并将其打发。

待蛋白霜成形后加入蛋黄和面粉，用刮刀拌匀，之后再把面糊分为两份，各自拌入黄色色素和红树莓色素。

用两种颜色的面糊分别填装裱花袋，再用单边锯齿花嘴在铺上烘焙纸的烤盘中挤出相邻的长条。

用漏勺过筛糖霜并将其撒在面糊表面，随后烤制7~8分钟。

将烤好的蛋糕切成宽17厘米、长24厘米的长方形。

4. 制作柠檬比斯基：

将烤箱在通风状态下预热至180摄氏度。

在蛋清中一点点地加入细砂糖并将其打发，接着再加入杏仁粉、糖霜、面粉、奶粉和柠檬果皮碎拌匀。

在烤盘上铺上一层烘焙纸，接着把面糊倒入其中并抹成约1厘米厚，最后放入烤箱烤制25~30分钟。

5. 制作烤蛋白：

用擀面杖把水果硬糖碾碎。

在蛋清中加少许细砂糖将其打发，随后在蛋白霜里加入糖霜并用刮刀拌匀。用蛋白霜填装裱花袋并用平滑口裱花嘴在烤盘里挤出奶油球。在奶油球上撒上水果糖碎后用烤箱以100摄氏度烤制1小时即可。

6. 制作意式蛋白霜：

在锅中倒入清水和细砂糖并加热至120摄氏度，接着把糖浆缓缓倒入打发的蛋白中，不停搅拌直到混合物冷却。

7. 制作青柠檬奶油慕斯：

用凉水把吉利丁片泡软，随后再把沥干的吉利丁片放入锅中用文火烤化，接着加入细砂糖、青柠檬汁和果皮碎并不停搅拌。把混合物放凉

后再拌入前面做好的意式蛋白霜，最后再加入打发奶油霜并用刮刀拌匀，注意不要使原料塌陷。

注意：这款慕斯的质感十分细腻，稍有不慎就会使其塌陷，往蛋白霜中加入的果汁必须是凉的。

8. 蛋糕的组装及摆盘：

把撞色蛋糕比斯基卷起来放入模具凹槽中，使其和模具内壁贴合。

在这层蛋糕表面抹上一层青柠檬慕斯，接着把草莓蛋糕夹心放进凹槽里，再用剩下的青柠檬奶油慕斯把模具填满，并在顶层摆上涂满草莓汁的柠檬比斯基。

把蛋糕放入冰箱冷冻2小时，脱模后再用草莓（先把草莓分别切成两半，然后在其表面抹上薄薄的一层草莓果酱）和烤蛋白装饰表面即可。

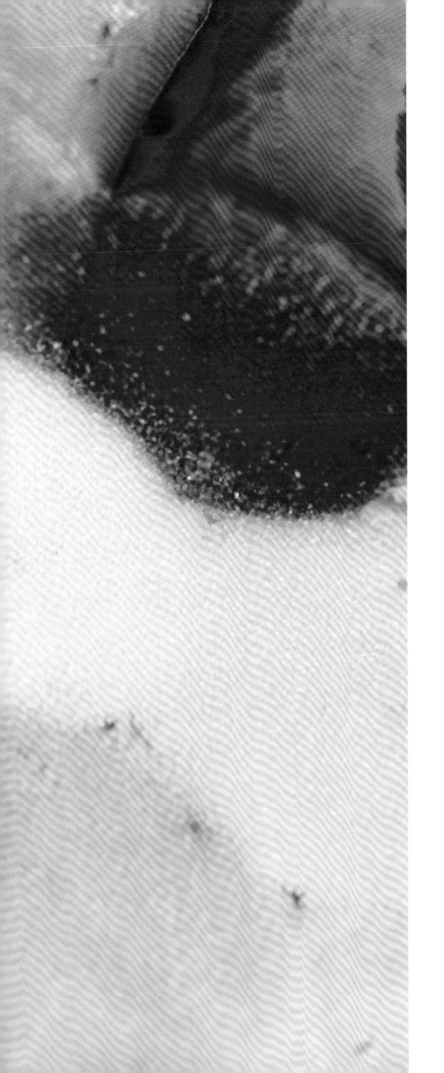

冰激凌篇

彩虹冰激凌

注意提前准备好7个大碗用来盛放各种雪芭和慕斯。

原料准备及蛋糕组装：4 小时

烤制时间：15~20分钟

10人份

配料

1. 克里翁甜挞皮
120克软化黄油
80克糖霜
1小袋香草糖
25克杏仁粉
1小勺精盐
1个鸡蛋
200克T45面粉

2. 树莓雪芭
50毫升清水
50克细砂糖
15克葡萄糖粉
1克奶粉
1克增稠剂
250克树莓果酱
（也可以自己把树莓打成泥并过滤）
15克柠檬汁

3. 草莓雪芭
60克细砂糖
300克佳丽丽格特草莓
25克Monin®草莓糖浆

4. 百香果雪芭
100毫升清水
25克葡萄糖
65克细砂糖
1小勺增稠剂
200克百香果果肉

5. 奇异果李子雪芭
50毫升清水
15克葡萄糖
20克细砂糖
1克增稠剂
165克奇异果酱
5克李子酒

6. 杧果雪芭
140毫升清水
45克葡萄糖粉
60克细砂糖
1克增稠剂
300克杧果酱

7. 青柠檬冰奶油慕斯
100毫升清水
100毫升全脂牛奶
100克细砂糖
2克增稠剂
100克青柠檬汁
半个柠檬（削下果皮备用）

8. 蜜瓜雪芭
35克细砂糖
10克葡萄糖粉
1克增稠剂
1克奶粉
15克黄柠檬汁
250克蜜瓜果酱

9. 蛋糕装盘
不同口味的马卡龙

所需工具
冰激凌搅拌机
8厘米×25厘米的蛋糕模具
18毫米口径的平滑口花嘴
厨用小焊枪

马卡龙
在冷藏情况下最长可以保存4天，冷冻则最多可以保存3周

青柠檬冰奶油慕斯
需要提前1晚准备，到组装蛋糕前再放入冰激凌机中搅拌

树莓雪芭
可以提前1晚做好，到组装蛋糕前再放入冰激凌机中搅拌

杧果雪芭
可以提前1晚做好，到组装蛋糕前再放入冰激凌机中搅拌

奇异果李子雪芭
可以提前1晚做好，到组装蛋糕前再放入冰激凌机中搅拌

蜜瓜雪芭
可以提前1晚做好，到组装蛋糕前再放入冰激凌机中搅拌

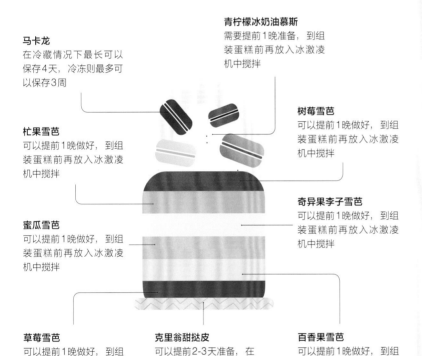

草莓雪芭
可以提前1晚做好，到组装蛋糕前再放入冰激凌机中搅拌

克里翁甜挞皮
可以提前2-3天准备，在组装蛋糕前1天烤好并密封保存

百香果雪芭
可以提前1晚做好，到组装蛋糕前再放入冰激凌机中搅拌

烘焙贴士

这款蛋糕的制作可以采用三种方案：

1.提前1晚做好每 层雪芭，然后在第二天完成"拼装"步骤，并在冷冻一会儿后再添加装饰即可。

2.提前把雪芭"拼装"好然后冻起来（最多可以保存2周），到食用当天添加装饰即可。

3.您也可以把蛋糕完全做好（包括表面装饰），接着把完整的成品放入纸盒或隔热包装中冷冻保存直至食用。别忘了在盛放蛋糕时还要在底部垫上一层纸板。

1. 制作克里翁甜挞皮：

将烤箱预热至170摄氏度。

将软化黄油倒入大碗中，接着加入糖霜、香草糖、杏仁粉和精盐并用刮刀搅拌。

继续往混合物中打入鸡蛋，并倒入过筛后的面粉拌匀，注意不要打发过度。

用保鲜膜将容器封口并放入冰箱醒发2小时。

把面糊倒进烤盘并做成长约24厘米、宽约8厘米的长方形，最后放入烤箱烤制15~20分钟。

2. 制作树莓雪芭：

在锅中倒入清水并加热至30摄氏度，接着加入细砂糖、葡萄糖粉、奶粉和增稠剂一起煮沸。

待细砂糖完全溶化后再把糖浆倒入树莓果酱和柠檬汁中，静置放凉。

将混合物倒入冰激凌机中搅拌，之后倒入冰的容器中并冷冻保存。

3. 制作草莓雪芭：

在草莓中倒入细砂糖和草莓糖浆，搅拌均匀后用漏勺过滤。

将混合物倒入冰激凌机中搅拌，之后倒入冰的容器中并冷冻保存。

4. 制作百香果雪芭：

在清水中加葡萄糖、细砂糖和增稠剂熬煮糖浆，把糖浆加热至50摄氏度。

糖浆放凉后再加入百香果果肉。

将混合物倒入冰激凌机中搅拌，之后倒入冰的容器中并冷冻保存。

5.制作奇异果李子雪芭：

在清水中加葡萄糖、细砂糖和增稠剂熬煮糖浆。

把糖浆放凉后再加入奇异果酱和李子酒。

将混合物倒入冰激凌机中搅拌，之后倒入冰的容器中并冷冻保存。

6. 制作杧果雪芭：

在清水中加葡萄糖粉、细砂糖和增

稠剂熬煮糖浆，把糖浆加热至50摄氏度。

糖浆放凉后再加入杧果酱。

将混合物倒入冰激凌机中搅拌，之后倒入冰的容器中并冷冻保存。

7.制作青柠檬冰奶油慕斯：

把清水和牛奶倒入锅中煮沸，随后加入增稠剂和细砂糖并重新煮开。

待混合物放凉后再拌入青柠檬汁和柠檬皮。

将混合物倒入冰激凌机中搅拌，之后倒入冰的容器中并冷冻保存。

8. 制作蜜瓜雪芭：

将细砂糖、葡萄糖粉、增稠剂和奶粉均匀混合，之后再倒入黄柠檬汁和蜜瓜果酱拌匀。

将混合物倒入冰激凌机中搅拌，之后倒入冰的容器中并冷冻保存。

9. 进行蛋糕的组装：

最好在雪芭做好后立刻进行蛋糕的"拼装"：

先用18毫米口径的裱花嘴在模具中挤上一层草莓雪芭，随用刮板将表面抹平，注意蛋糕模具也要事先冷冻。

把雪芭放入冰箱冷冻一会儿，然后用其他口味的雪芭重复以上过程，最终堆出一块彩虹状的雪芭，放入冰箱冷冻。

注意：要做到这一点，您需要一台功率较大的冰箱，并且要提前1晚把冷冻室制冷挡位调至最高。

将冻好的彩虹雪芭脱模（可以用小喷枪稍稍加热模具底部以便把雪芭取下来），然后摆放在同样经过冷冻后的克里翁甜挞皮上。

用圣奥诺黑裱花嘴在蛋糕表面挤上青柠檬冰奶油慕斯，然后放回冰箱冷冻30分钟。

最后在青柠檬冰奶油慕斯里塞入马卡龙做装饰，注意这款蛋糕需要冷冻保存，到食用前将其转入冷藏室放10分钟即可。

小贴士： 在这款蛋糕的制作中，冰箱会成为您最亲密的战友！在任何时候，您都可以先把手头的雪芭放回冰箱冷冻一阵，这样会使其更加便于"拼装"。

另外要注意的是，制作这款蛋糕时需要频繁地开关冰箱，但每次不能让冰箱门敞开太久（不可超过3秒），否则冰箱因为自身的属性会不停吸收热空气，从而影响雪芭成形。

圣诞雪橇

注意盛放焦糖杏仁的烤盘表面和盛放雪芭的小碗内都要覆上一层保鲜膜
（先用清水将烤盘和小碗沾湿，然后把保鲜膜轻轻地贴在表面）。

原料准备及蛋糕组装：4 小时

烤制时间：5~7分钟

10人份

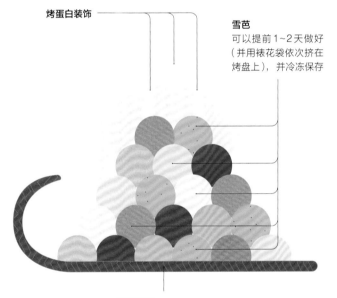

烤蛋白装饰

雪芭
可以提前1~2天做好
（并用裱花袋依次挤在
烤盘上），并冷冻保存

焦糖杏仁
可以提前几天做好，并
放入密封的容器保存

烘焙贴士

这款蛋糕的制作可以采用两种方案：

1.提前1晚做好各个口味的雪芭，到食用当天制作焦糖杏仁，并完成"拼装"步骤，最后添加装饰即可。

2.提前把焦糖杏仁做好，将其冻硬后密封保存，到食用前取出并完成摆盘。别忘了在盛放蛋糕时还要在底部垫上一层纸板。

这款蛋糕成品的重量约为900克，在制作雪芭时可以适当地多做一些，以备最后的"拼装"步骤使用。

配料

1. 大黄草莓雪芭

100克大黄
30克细砂糖
1克增稠剂
15克葡萄糖
150克草莓果酱

2. 树莓雪芭

50毫升清水
50克细砂糖
15克葡萄糖粉
1克奶粉
1克增稠剂
250克树莓果酱
（也可以自己把树莓打成泥并过滤）
15克柠檬汁

3. 百香果雪芭

100毫升清水
25克葡萄糖
65克细砂糖
一小勺增稠剂
200克百香果果肉

4. 橙子雪芭

80克方糖
250克鲜榨橙汁
25克细砂糖
2克增稠剂
40毫升清水

5. 奇异果李子雪芭

45毫升清水
15克葡萄糖
20克细砂糖
1克增稠剂
165克奇异果酱
5克李子酒

6. 柠檬雪芭

125毫升清水
125毫升牛奶
110克细砂糖
1克增稠剂
125克柠檬汁

7. 杏子雪芭

100毫升清水
15克葡萄糖
50克细砂糖
1克增稠剂
250克杏子酱

8. 焦糖杏仁

100克杏仁碎
150克葡萄糖
250克细砂糖

9. 蛋糕装饰

烤蛋白

所需工具

冰激凌机
硅胶垫
18毫米口径的平滑口花嘴（及裱花袋）

1. 制作大黄草莓雪芭：

在锅中加入去皮的大黄和15克细砂糖一起熬煮，然后倒入剩下的细砂糖、增稠剂和葡萄糖。

关火，等到混合物放凉后再往其中倒入草莓果酱，之后将其再倒入冰激凌机中搅拌，最后用冰的容器盛装并冷冻保存。

2. 制作树莓雪芭：

将清水稍稍加热至30摄氏度，之后加入细砂糖、葡萄糖、奶粉和增稠剂并煮沸，待糖类完全溶化后再倒入树莓果酱和柠檬汁。

等到混合物放凉后将其倒入冰激凌机中搅拌，再倒入冰的容器中冷冻保存。

3. 制作百香果雪芭：

在清水中加入葡萄糖、细砂糖和增稠剂熬煮糖浆，把糖浆加热至50摄氏度，放凉后再加入百香果果肉。

将混合物倒入冰激凌机中搅拌，之后倒入冰的容器中并冷冻保存。

4. 制作橙子雪芭：

将方糖碾碎，用鲜橙榨汁，取250克橙汁使用。榨汁后剩下的果肉与方糖一起搅拌成果泥。在125克橙汁中加入细砂糖和增稠剂熬煮糖浆。

把剩下的橙汁倒进糖浆中，再把糖浆倒进果泥中拌匀，最后将混合物倒入冰激凌机中搅拌，并用冰冻的容器盛装。

5. 制作奇异果李子雪芭：

在清水中加葡萄糖、细砂糖和增稠剂熬煮糖浆。

把糖浆放凉后再加入奇异果酱和李子酒。

将混合物倒入冰激凌机中搅拌，之后倒入冰的容器中并冷冻保存。

6. 制作柠檬雪芭：

把清水和牛奶倒入锅中煮沸，过滤后加入增稠剂和细砂糖熬煮糖浆，待混合物放凉后再倒入柠檬汁。

将混合物倒入冰激凌机中搅拌，之后倒入冰的容器中并冷冻保存。

7. 杏子雪芭：

在清水中加葡萄糖、细砂糖和增稠剂熬煮糖浆，把糖浆加热至50摄氏度。

糖浆放凉后再加入杏子酱。

将混合物倒入冰激凌机中搅拌，之后倒入冰的容器中并冷冻保存。

8. 制作焦糖杏仁：

您可以参考本书第22~24页所介绍的食谱。

先把烤箱预热至170摄氏度。

把杏仁碎平铺在烤盘上，稍稍烤制5~7分钟，之后放在温暖处保存。

将葡萄糖倒入厚底锅中用中火加热烤化，接着再加入细砂糖，继续用中火加热直至其变为焦糖色。

把烤好的杏仁碎倒入焦糖中并不停翻炒，使杏仁表面均匀裹上焦糖酱。

将焦糖杏仁平铺在硅胶垫上（或者直接铺在抹了油的工作台上也可以），并压成约5毫米厚的饼底。

用框架型模具从焦糖杏仁中切出一块规则的长方形，然后将边缘稍稍卷起做出雪橇的形状（此时的焦糖杏仁韧性较强且不会太烫手），如果焦糖已经冻硬了，则可以考虑将其放进烤箱稍稍加热几秒钟。

9. 蛋糕的组装及摆盘：

用各式雪芭填装裱花袋，然后用口径18毫米的裱花嘴在冷冻的烤盘上间隔地挤出长条，并放入冰箱冷冻，将焦糖杏仁连同烤盘一起放入冰箱冷冻1晚，这样在堆叠雪芭时它们就不容易融化。

等待几小时，直到雪芭冻硬后将它们堆砌在烤盘上。如图所示，堆好的雪芭形状与伐木场的圆木堆很相似。用稍稍加了温的小刀把雪芭两端多出的部分切掉，并把雪芭对准饼底摆好，最后加上烤蛋白作为装饰即可。

小贴士： 在这款蛋糕的制作中，冰箱会成为您最亲密的"战友"！在任何时候，您都可以把手头的雪芭放回冰箱冷冻一阵，这样会使其更加便于拼装。

另外要注意的是，制作这款蛋糕时需要频繁地开关冰箱，但每次不能让冰箱门敞开太久（不可超过3秒），否则冰箱因为自身的属性会不停吸收热空气，从而影响雪芭成形。

星空蛋糕

注意所有模具的表面都需要覆上一层保鲜膜或者塑料纸。

原料准备时间：5小时

（包括制作蛋糕各部分所需要的时间以及组装时间）

烤制时间：10~15分钟

配料

1. 香橙雪芭
120毫升清水
75克细砂糖
12克奶粉
15克葡萄糖粉
1克增稠剂
375克血橙果酱

2. 混合果干芭菲
65克30°糖浆
（35克细砂糖加上30克清水）
40克蛋黄
200克全脂奶油
30克混合果干（椰枣、杏子、葡萄、生姜、橙子、柠檬）
半个柠檬和半个橙子（削下果皮备用）
3克朗姆酒
4克柑曼怡（Grand marnier®）金万利力娇酒
2克肉桂粉
2克姜饼调料
30克柠檬酱

3. 姜饼风味冰沙
150克红酒（浓缩后为50克）
半根肉桂棒
1颗八角茴香
1/3个橙子（削下果皮备用）
1/3个柠檬（削下果皮备用）
1/8根香草荚
25克波尔图甜葡萄酒
25克30°糖浆（10克清水加上15克细砂糖）

4. 洛林风味比斯基
100克蛋清
60克细砂糖（1）
70克T45面粉
60克细砂糖（2）
25克融化的黄油
1勺速溶咖啡

5. 蛋糕装饰
300克杏仁膏
紫色及橙色色素
烤蛋白装饰（松树形状）

所需工具

长度24厘米树桩蛋糕模具
厨房用温度计
冰激凌搅拌机
漏勺
甜品刮刀

烤蛋白装饰
可以提前几天做好，注意放在阴凉干燥处保存

杏仁膏
需要在组装蛋糕前1天做好

混合果干芭菲
需要蛋糕入模当天制作

姜饼风味冰沙
可以提前1天准备

洛林风味比斯基
可在装饰前1天做好

香橙雪芭
需要提前1天准备，也可以在制作当天现做现用，注意在搅拌完后需要立刻入模冷冻

烘焙贴士

这款蛋糕的制作可以采用两种方案：

1.提前2天先做好比斯基、雪芭、冰沙以及杏仁糖衣等配料，而烤蛋白这类装饰甚至可以更早准备。到食用前1天将蛋糕各部分填入模具并冷冻至少3小时，待蛋糕成形后进行表面装饰，完成的蛋糕仍需冷冻保存，取出后还要先稍稍静置几分钟方可食用。

2.提前2~3周把蛋糕全部做好，用保鲜膜包裹后冷冻保存，到食用前完成表面装饰即可。

别忘了在盛放蛋糕时还要在底部垫上一层纸板。

1. 制作香橙雪芭：

将清水稍稍加热至30摄氏度，接着加入细砂糖、葡萄糖粉、奶粉和增稠剂煮开，待糖类完全溶化后再倒入血橙果酱。

将混合物静置1小时后再倒入冰激凌机中搅拌，最后用冰的容器盛装并放入冰箱冷冻室保存。

小贴士： 最好在雪芭质地还比较软的时候（也就是刚刚从冰激凌机中取出时）就将其填入模具。

2. 制作混合果干芭菲：

将蛋黄和糖浆拌在一起，之后一边用50~55摄氏度水浴加热一边打发，把打好的蛋黄霜放在一旁备用。

将奶油倒进冰水浴容器中打发，或者先把容器放入冰箱冷冻几分钟，至奶油霜足够坚挺，即可以附在打蛋器钩爪上不滴落。

把果干磨碎同其他配料拌在一起，然后依次拌入打好的蛋黄霜和奶油霜。

3. 制作姜饼风味冰沙：

在红酒中加入配料表中的各式香料，用文火加热使其浓缩，过滤后再加入甜葡萄酒和糖浆。

把混合液倒入盘中并放进冰箱冷冻几小时，待其冻硬后切成边长约2厘米的方块，再放回冰箱冷冻保存，直到食用前取出。

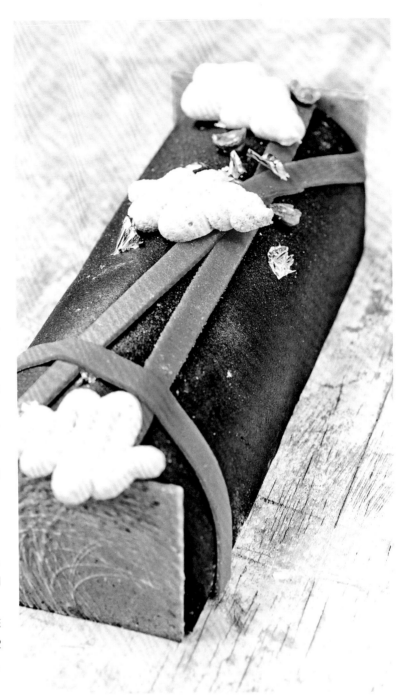

4. 制作洛林风味比斯基：

将烤箱预热至190摄氏度。

往蛋清中加入细砂糖（1）并打发，接着往蛋白霜里加入面粉和细砂糖（2）稍稍搅拌。

继续倒入黄油和咖啡，并用刮刀把面糊搅拌均匀。

在烤盘里铺上一层烘焙纸，倒入面糊，并用不锈钢抹刀将其抹成约1厘米厚。

把面饼放入烤箱烤制10~15分钟，最后把烤好的比斯基在烤架上放凉。

5. 蛋糕的组装及摆盘：

在树桩蛋糕模具内壁附上一层保鲜膜，随后在表面抹上一层约4厘米厚的香橙雪芭，接着倒入混合果干芭菲，并把姜饼风味冰沙塞进芭菲中，最后盖上洛林风味比斯基，放入冰箱冷冻。

把蛋糕从冰箱取出后，在表面放上染过色的杏仁膏，并用烤蛋白点缀即可。

布列塔尼之舞

注意所有模具的表面都需要覆上一层保鲜膜或者塑料纸。

原料准备时间：5小时

（包括制作蛋糕各部分所需要的时间以及组装时间）

烤制时间：25分钟

静置时间：2晚

配料

1. 盐之花焦糖酱

60克细砂糖

25克温的全脂奶油

¼根香草荚

1克盐之花

40克凉黄油

5克朗姆酒

2. 碧根果比斯基

1个蛋黄

1个小鸡蛋

80克细砂糖（1）

35克土豆淀粉

10克面粉

3个鸡蛋（仅取蛋清）

80克细砂糖（2）

100克碧根果碎

3. 香草冰激凌

1根香草荚

500毫升全脂牛奶

50克细砂糖（1）

25克奶粉

20克转化糖浆

1克增稠剂

20克软化黄油

80克蛋黄

50克细砂糖（2）

4. 焦糖海盐冰激凌

60克全脂鲜奶油

350毫升全脂牛奶

3克盐之花

125克细砂糖（1）

115克蛋黄

30克细砂糖（2）

5. 咖啡冰激凌

500毫升全脂牛奶

125克咖啡豆

100克红糖

2克增稠剂

2个鸡蛋

4个蛋黄

3克雀巢®速溶咖啡

50克黄油

6. 白色绒面

200克可可脂

200克白巧克力

7. 蛋糕装盘

20克烤榛子

20克烤青核桃碎

各类干果（用于装饰）

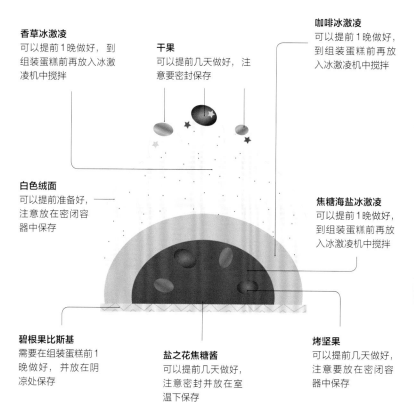

香草冰激凌

可以提前1晚做好，到组装蛋糕前再放入冰激凌机中搅拌

干果

可以提前几天做好，注意要密封保存

咖啡冰激凌

可以提前1晚做好，到组装蛋糕前再放入冰激凌机中搅拌

白色绒面

可以提前准备好，注意放在密闭容器中保存

焦糖海盐冰激凌

可以提前1晚做好，到组装蛋糕前再放入冰激凌机中搅拌

碧根果比斯基

需要在组装蛋糕前1晚做好，并放在阴凉处保存

盐之花焦糖酱

可以提前几天做好，注意密封并放在室温下保存

烤坚果

可以提前几天做好，注意要放在密闭容器中保存

所需工具

8厘米宽、24厘米长、6~7厘米高的树桩蛋糕模具

Rhodoïd®塑料纸

厨房用温度计

12厘米×30厘米长方形模具

漏勺

冰激凌搅拌机

电动打蛋器

圣奥诺黑花嘴及裱花袋

蛋糕垫板

烘焙贴士

这款蛋糕的制作可以采用三种方案：

1. 提前1晚准备好所有配料，到第二天用冰激凌机做出成品，最后把蛋糕冻成形并添加装饰即可。

2. 提前把树桩蛋糕组装好然后冻起来（最多可以保存2周），到食用当天取出蛋糕，在表面喷砂并添加装饰即可。

3. 您也可以把蛋糕完全做好（包括表面装饰），接着把完整的成品放入纸盒或隔热包装中冷冻保存，直至食用。别忘了在盛放蛋糕时还要在底部垫上一层纸板。

1. 制作盐之花焦糖酱：

在厚底锅中倒入细砂糖，用中火熬煮，等到糖的颜色变焦黄后转小火，并加入温的奶油和香草荚，对糖浆进行稀释，用刮刀不停搅拌直到奶油完全融进糖浆中。注意过程中要用温度计掌控温度，混合物的温度需要保持在106摄氏度左右。

关火后往焦糖酱中加入盐之花和切成小块的凉黄油，这样可以给奶酱降温，并将混合物搅拌均匀。

把做好的焦糖酱倒入干净的容器中，用保鲜膜封口并放在室温下保存，如果是夏天则需要放置在凉爽处。

2. 制作碧根果比斯基：

将烤箱预热至180摄氏度。

取一个大碗依次倒入1个蛋黄、1整个鸡蛋和细砂糖（1）。把蛋液打发，接着加入土豆淀粉和面粉拌匀，注意这里一定不能用玉米淀粉代替，否则做不出要求的效果。

另取一个大碗加入蛋清和细砂糖（2）打发，把蛋白霜倒进上一步的混合物中，再加入碧根果碎拌匀。

最后把面糊倒入12厘米×30厘米的模具中，2~3厘米深，用刮刀将面糊抹平，烤制25分钟。

3. 制作香草冰激凌：

用小刀切开香草荚，刮下香草籽，随后把牛奶、香草碎和香草籽倒在一起加热，等到温度上升至30摄氏

度左右时再加入细砂糖（1）、奶粉、转化糖浆和增稠剂，继续加热至50摄氏度时加入黄油。

把细砂糖（2）加到蛋黄中并将其打发，随后把蛋黄霜加到上一步中的热牛奶里。

继续用文火熬煮蛋奶酱并不停用木勺搅拌，待温度升至82摄氏度时关火并用漏勺过滤。

稍稍用打蛋器打发蛋奶酱（让各种成分混合得更均匀），随后用保鲜膜封口并放入冰箱冷藏，注意保鲜膜要直接贴在蛋奶酱液面上而不是盖在容器上，防止蛋奶酱和空气接触。待蛋奶酱冷却后将其倒入冰激凌搅拌机中搅拌，最后放入冰箱冷冻保存。

小贴士： 最好在冰激凌质地还比较软的时候（也就是从冰激凌搅拌机中取出2小时后）就将其填入模具。

4. 制作焦糖海盐冰激凌：

把牛奶和鲜奶油倒在一起，加入盐之花并用大火加热。在煮牛奶的同时取另一个锅，倒入细砂糖（1）并熬制焦糖酱。

把热的奶油酱分多次倒入焦糖酱中，最终使二者完全融合。

在蛋黄中加入细砂糖（2）并稍稍打发，之后再把蛋黄霜加到焦糖奶油酱中，并将混合物加热至82摄氏度。将混合物过滤并倒入冰水浴的容器里继续搅拌，直到其变浓稠。

把奶油酱放在阴凉处静置1晚，以使香草入味。到第二天将其倒入冰激凌机中搅拌，最后放入冰箱冷冻保存。同香草冰激凌一样，焦糖海盐冰激凌入模的最佳时机也是在从冰激凌机中取出2小时后。

5. 制作咖啡冰激凌：

加热鲜牛奶直至其沸腾，在煮牛奶的同时用一块干净的布包裹咖啡豆，并用擀面杖将它们碾碎备用。

把咖啡碎倒进热牛奶中放置20分钟，待其入味后过滤，并对咖啡牛奶称重。

在热牛奶中继续加入50克红糖和增稠剂，并不停搅拌。

把剩下的红糖加到蛋液（4个蛋黄和2个完整鸡蛋）中并稍稍打发，然后把混合物倒回牛奶里一起加热至82摄氏度左右，使其达到浓稠状态，接着再加入速溶咖啡和黄油拌匀。

将混合物放在阴凉处静置1晚，使咖啡入味。到第二天将其倒入冰激凌机中搅拌，最后放入冰箱冷冻保存。这款冰激凌入模的最佳时机也是在从冰激凌机中取出2小时后。

6. 制作白色绒面：

用微波炉将可可脂和巧克力一起烤化，接着再用打蛋器将二者拌匀即可，注意要把钩爪伸到液面以下以防止混入气泡。

7. 最后进行蛋糕的组装：

在模具的内壁上贴一层塑料纸。

先在模具内表面抹上一层约4厘米厚的香草冰激凌，再往其中填入咖啡冰激凌并且再压出一个小凹槽。

把半成品的蛋糕放入冰箱冷冻20分钟，之后用焦糖海盐冰激凌把凹槽填满，并往其中撒入烤榛子和烤青核桃碎，抹平表面后还要再涂上一层盐之花焦糖酱。

从比斯基中切出和树桩蛋糕大小相当的长方形，将其铺在模具中的冰激凌上，随后把整个蛋糕放入冰箱冷冻至少3小时（最好能冻1晚）。

第二天将蛋糕脱模并转移到工作台上，揭下表面的保鲜膜，用圣奥诺黑花嘴填装香草冰激凌，在蛋糕表面挤出各式形状，随后再把蛋糕放回冰箱冷冻1小时。

再次将蛋糕取出后，在表面撒上少许干果用作装饰，并喷上一层白色绒面。

摆盘时，先在比树桩蛋糕略大的底板上抹上少许焦糖酱（这么做是为了防止蛋糕放上去后滑动），小心地把树桩蛋糕摆在中央，最后再撒上一层坚果作装饰即可。注意直到食用前一直都要冷冻保存。

维生素鸡尾酒

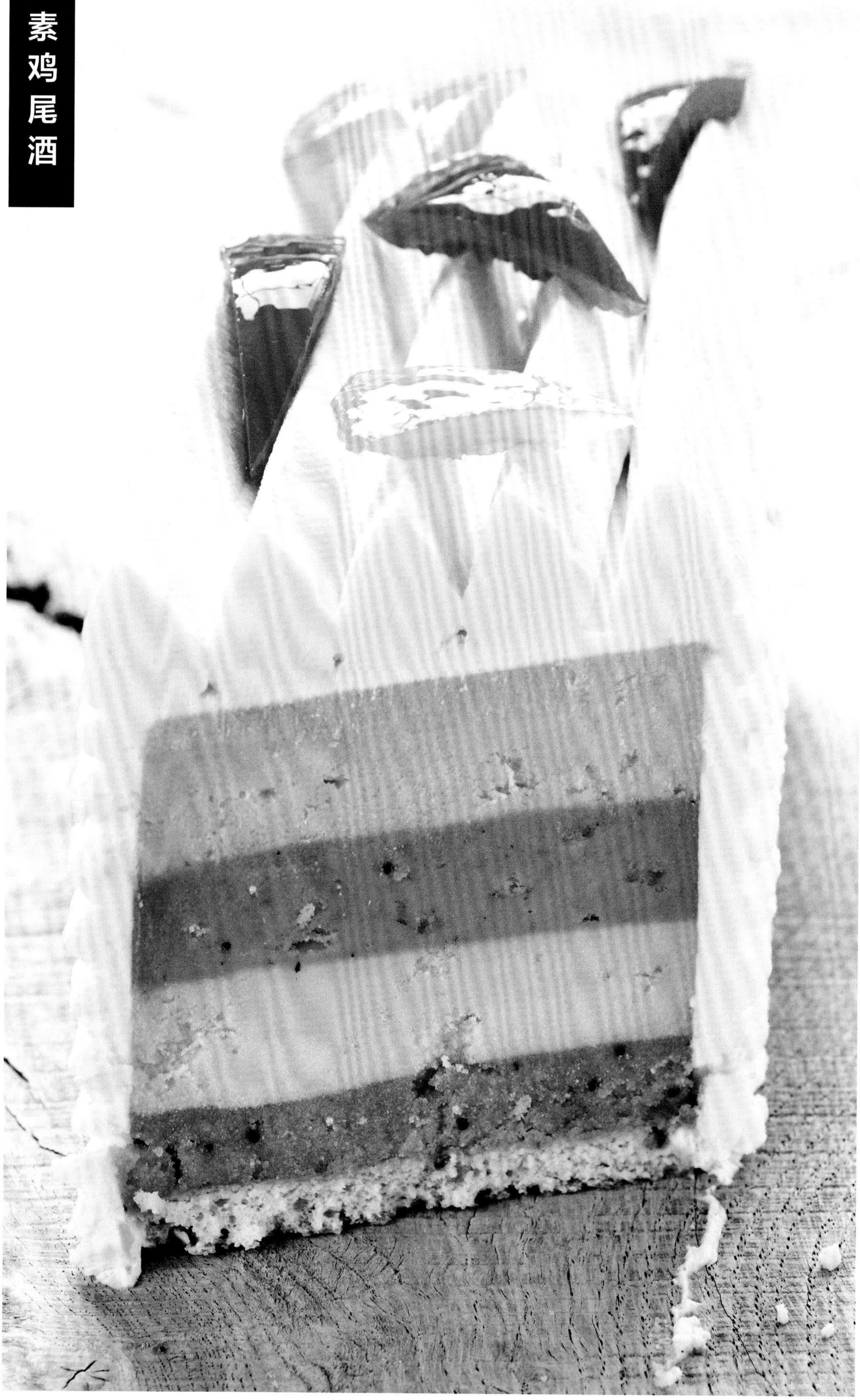

维生素鸡尾酒

注意需要至少准备两个冰激凌碗，以盛装两个口味的雪芭。

原料准备时间：4小时

烤制时间：10~15分钟

10人份

配料

1. 开心果比斯基

100克蛋清
60克细砂糖（1）
70克T45面粉
60克细砂糖（2）
25克黄油（加热融化）
10克开心果酱

2. 百香果雪芭

200毫升清水
50克葡萄糖（或细砂糖）
130克细砂糖
2克增稠剂
400克百香果果肉

3. 奇异果李子雪芭

100毫升清水
30克葡萄糖
40克细砂糖
2克增稠剂
330克新鲜奇异果果泥
10克李子酒

4. 香缇奶油

300毫升鲜奶油
40克细砂糖
5克樱桃利口酒
1茶匙香草精

5. 装盘

糖渍橙子及柠檬

所需工具

冰激凌搅拌机
8 厘米 × 25 厘米的蛋糕模具
18毫米口径的平口裱花嘴
圣奥诺黑花嘴
厨用小焊枪
不锈钢抹刀
奶油梳

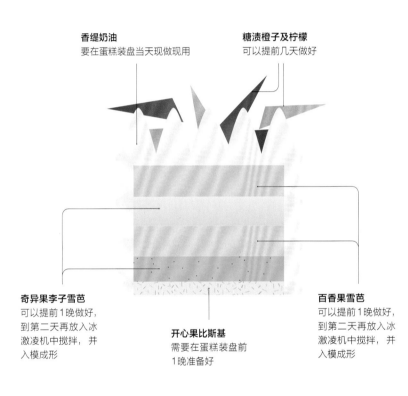

香缇奶油
要在蛋糕装盘当天现做现用

糖渍橙子及柠檬
可以提前几天做好

奇异果李子雪芭
可以提前1晚做好，
到第二天再放入冰
激凌机中搅拌，并
入模成形

开心果比斯基
需要在蛋糕装盘前
1晚准备好

百香果雪芭
可以提前1晚做好，
到第二天再放入冰
激凌机中搅拌，并
入模成形

烘焙贴士

这款蛋糕的制作可以采用三种方案：

1.提前1晚准备好所有配料，到第二天用冰激凌机做出成品，最后把蛋糕冻成形并添加装饰即可。

2.提前把树桩蛋糕组装好然后冻起来（最多可以保存2周），到食用当天取出蛋糕、抹上奶油表面并添加装饰即可。

3.您也可以把蛋糕完全做好（包括表面装饰），接着把完整的成品放入纸盒或隔热包装中冷冻保存，直至食用前。别忘了在盛放蛋糕时还要在底部垫上一层纸板。

1. 制作开心果比斯基：

将烤箱预热至190摄氏度。

在蛋清中加入细砂糖（1）打发，待蛋白霜变坚挺后再往里倒入面粉和细砂糖（2）拌匀。

继续往混合物里倒入温热的黄油和开心果酱，并用刮刀不停搅拌，确保各种原料均匀混合。

把面糊倒入烤盘中约1.5厘米深（注意事先要在烤盘上裹一层烘焙纸）。

用抹刀将面糊抹平，放入烤箱烤制10~15分钟，最后在烤架上放凉即可。

2. 制作百香果雪芭：

将清水、葡萄糖、细砂糖和增稠剂均匀混合做成糖浆。

把糖浆加热至50摄氏度。

待糖浆凉下来后往其中加入百香果果肉，随后倒进冰激凌机中搅拌，最后用冰的容器冷冻保存。

3. 制作奇异果李子雪芭：

将清水、葡萄糖、细砂糖和增稠剂均匀混合做成糖浆，再往放凉的糖浆里加入奇异果果泥和李子酒。

把混合物倒入冰激凌机中搅拌，最后用冰的容器冷冻保存。

4. 制作香缇奶油：

用冰水浴容器盛装奶油并将其打发，当观察到奶油霜开始变厚时，加入细砂糖、利口酒和香草精。

继续打发奶油，直到奶油霜足够坚挺并且能够附着在打蛋器钩爪上而不滴落的时候停止，并冷藏保存。

5. 蛋糕的组装及摆盘：

用18毫米口径的裱花嘴把奇异果李子雪芭挤入经过冷冻的蛋糕模具中，用塑料刮板把表面抹平，随后将其放回冰箱冻一会儿。

用两种口味的雪芭在模具中交替叠层，直到将模具填满。要做到这一点，您需要一台功率较大的冰箱，并且要提前1晚把冷冻室制冷挡位调至最高。

将蛋糕从冰箱里取出，用喷枪稍稍加热模具，方便脱模。

在雪芭表面浇上香缇奶油并用不锈钢抹刀把各面抹匀，冷冻30分钟后再抹一层香缇奶油。

用奶油梳在奶油表面划出好看的纹理，接着再放回冰箱冷冻30分钟。

将蛋糕取出，用圣奥诺黑花嘴在顶部挤出平行的条状奶油（如图所示），最后放上糖渍橙子及柠檬作为装饰。

注意这款蛋糕需要冷冻保存，食用前先在室温下静置20~30分钟。

小贴士： 在这款蛋糕的制作中，冰箱会成为您最亲密的"战友"！在任何时候，您都可以把手头的雪芭放回冰箱冷冻一阵，这样会使其更加便于拼装。

另外要注意的是，制作这款蛋糕时需要频繁地开关冰箱，但每次不能让冰箱门敞开太久（不可超过3秒），否则冰箱因为自身的属性会不停吸收热空气，从而影响雪芭成形。

冰雪圣殿

原料准备时间：5小时
（对于其中某些原料的制作我们最早可以提前2周进行）

烤制时间：20~25分钟

静置时间：2晚

烤蛋白
可以提前准备，注
意放在阴凉干燥处
保存

意式蛋白霜
要在组装蛋糕当天
现做现用

树莓雪芭
可以提前1晚做好，
到第二天再放入冰激
凌机搅拌并入模成形

树莓蛋糕夹心
需要提前1天准备
并冷冻保存

杏仁脆饼
可以提前2~3天准
备，注意要密封并
放在阴凉干燥处保存

开心果比斯基
可以提前1天准备

香草芭菲
需要在组装蛋糕当
天现做现用

烘焙贴士

这款蛋糕的制作可以采用三种方案：

I.提前1晚准备好所有配料，到第二天用冰激凌机做出成品并制作香草芭菲，最后把蛋糕冻成形并添加装饰即可。

2.提前把蛋糕组装好然后冻起来（最多可以保存2周），到食用当天取出蛋糕，在表面涂满蛋白霜并添加装饰即可。

3.您也可以把蛋糕完全做好（包括表面装饰），接着把完整的成品放入纸盒或隔热包装中冷冻保存，直至食用前。别忘了在盛放蛋糕时还要在底部垫上一层纸板。

配料

1. 树莓蛋糕夹心
60克树莓果泥
20克转化糖浆（或用细砂糖代替）
3克树莓利口酒

2. 树莓雪芭
50毫升矿泉水
50克细砂糖
15克葡萄糖粉
1克奶粉
1克增稠剂
250克树莓果酱
（也可以把树莓打成泥并过滤）
15克柠檬汁

3. 杏仁脆饼
60克黄油
20克葡萄糖
60克细砂糖
100克杏仁碎

4. 开心果比斯基
100克蛋清
60克细砂糖（1）
70克T45面粉
60克细砂糖（2）
25克融化的黄油
10克开心果酱

5. 香草芭菲
230克全脂鲜奶油
2克吉利丁片
80克30°糖浆
（40克清水加40克细砂糖）
半根香草荚
40克蛋黄

6. 意式蛋白霜
100克+20克细砂糖
50毫升清水
60克蛋清

7. 蛋糕装盘
糖霜
星星糖粒
烤蛋白（做法见第34~36页）

所需工具

圆底蛋糕模具3个（尺寸如下）：
直径16厘米、高8厘米、容积1升的模具1个
直径12厘米、高6厘米的模具1个
直径7厘米、高4厘米的模具1个
注意所有的模具在使用前都需要冷冻
用于制作杏仁脆饼的圆形模具2个
（直径12厘米和10厘米的各一个）
厨房用温度计
甜品抹刀
圆形蛋糕垫板

1. 提前1天制作树莓蛋糕夹心：

将所有配料均匀混合，称量80克左右倒入直径7厘米的半球形模具中，随后将其放入冰箱冷冻1晚。

2. 制作树莓雪芭：

在锅中倒入矿泉水并加热至30摄氏度，接着加入细砂糖、葡萄糖粉、奶粉和增稠剂一起煮沸。

待细砂糖完全溶化后把糖浆倒入树莓果酱和柠檬汁中，静置放凉。

把混合物倒入冰激凌机中搅拌，之后用冰碗盛装并冷冻保存。

最好在雪芭刚刚从冰激凌机中取出时就将其填入模具。

3. 制作杏仁脆饼：

将烤箱预热至180摄氏度。

往厚底锅里加入黄油、葡萄糖和细砂糖一起熬煮，接着拌入杏仁碎，之后将其倒在烤盘中抹平（注意事先要在烤盘里铺一层烘焙纸）。

把杏仁糖泥放进烤箱烤制约10分钟，取出后趁热从中切出直径分别为10厘米和12厘米的两块圆饼。

4. 制作开心果比斯基：

将烤箱预热至190摄氏度。

在蛋清中加入细砂糖（1）打发，待蛋白霜变坚挺后再往里倒入面粉和细砂糖（2）拌匀。

继续往混合物里倒入融化的黄油和开心果酱，并用刮刀不停搅拌，确保各种原料均匀混合。

把面糊倒入烤盘中约1.5厘米深（注意事先要在烤盘上裹一层烘焙纸），用抹刀将面糊抹平，放入烤箱烤制10~15分钟，最后在烤架上放凉即可。

5. 制作香草芭菲：

将奶油倒进冰水浴容器（或者先把容器冷冻几分钟）中打发，直到奶油霜足够坚挺。

用凉水把吉利丁片泡软。

往清水里加入细砂糖并加热煮沸（用这种方法熬出的30°糖浆是制作各类甜品的基础原料），接着往糖浆里加入香草碎和香草籽。

取出约3/4的香草糖浆倒进蛋黄中，随后将混合物水浴加热至82摄氏度。

往剩下的1/4糖浆中加入吉利丁片，不停搅拌直到其完全溶化。

用电动打蛋器打发香草糖浆和蛋黄，

放凉后的蛋黄霜应当质感稠密且颜色泛白。

最后往蛋黄霜中接着加入温热（40~45摄氏度）的吉利丁糖浆和奶油霜，注意过程中需要不停搅拌。做好的香草芭菲还需要冷藏保存。

6. 制作意式蛋白霜：

在锅里倒入50毫升清水和100克细砂糖，并加热至117摄氏度，熬制焦糖。

将蛋清打发，当观察到蛋清开始变厚时，加入20克细砂糖，继续搅拌直到蛋白霜完全成形。

往蛋白霜中接着倒入焦糖，并继续用电动打蛋器搅拌，直到蛋白霜冷却。

将盛装蛋白霜的容器用保鲜膜封存之后放进冰箱冷藏。

7. 将蛋糕各部分组装起来：

在12厘米直径的圆底蛋糕模具内壁贴上一层塑料纸，接着在表面抹上一层3厘米厚的树莓雪芭，并在模具中形成一个小凹槽。

往凹槽里放入冻好的蛋糕夹心，用剩下的雪芭把模具填满，抹平表面后再放入冰箱冷冻起来。

取出直径10厘米的圆底模具，在其内壁抹上一层树莓雪芭，随后在凹槽中倒入少许香草芭菲，并摆上一小块杏仁脆饼。

继续往凹槽中填入香草芭菲，并把第一步中冻好的蛋糕夹心压入其中，用抹刀把表面的奶油抹平，再用第二层杏仁脆饼盖住表面。

在脆饼表面涂一层薄薄的香草芭菲，放上开心果比斯基，轻轻压实，然后把蛋糕放进冰箱冷冻一夜。

第二天将蛋糕脱模：手持模具将其底部浸入热水中一小会儿，然后把模具翻转过来让蛋糕自动滑落，把蛋糕摆放在垫板中央。

再次把蛋糕成品放回冰箱冷冻1小时（让融化的部分重新冻硬）。

将蛋糕取出，在表面涂上意式蛋白霜并撒上一层糖霜，最后用烤蛋白、马卡龙以及星星糖粒装饰即可。

欢乐时光

原料准备时间：4小时
（包括原料准备和最后的装盘）
烤制时间：15~20分钟
10人份

配料

1. 榛子杏仁比斯基
80克蛋清
30克细砂糖
55克生榛子粉（带皮）
15克生杏仁粉（带皮）
80克糖霜

2. 橘子雪芭
2个橘子
150毫升全脂牛奶
110克细砂糖
1克增稠剂
300克橘子汁

3. 奶油巧克力碎冰激凌
500毫升全脂牛奶
140克全脂鲜奶油
110克细砂糖
15克葡萄糖
30克脱脂奶粉
5克增稠剂
80克可可含量70%的考维曲巧克力

4. 蛋糕摆盘
柠檬味马卡龙
糖渍橙子
白巧克力装饰件（松树形状）
结晶糖

所需工具

12厘米×30厘米的长方形模具
12毫米口径的裱花嘴
冰激凌搅拌机
厨房用温度计
甜品抹刀
瓦格纳尔甜品喷枪

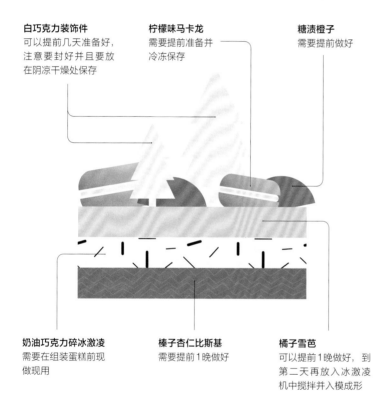

白巧克力装饰件
可以提前几天准备好，注意要封好并且要放在阴凉干燥处保存

柠檬味马卡龙
需要提前准备并冷冻保存

糖渍橙子
需要提前做好

奶油巧克力碎冰激凌
需要在组装蛋糕前现做现用

榛子杏仁比斯基
需要提前1晚做好

橘子雪芭
可以提前1晚做好，到第二天再放入冰激凌机中搅拌并入模成形

烘焙贴士

这款蛋糕的制作可以采用两种方案：

1. 提前2天，先准备好比斯基和雪芭的配料，到食用前1晚用冰激凌机做出成品。第二天把蛋糕组装起来并放入冰箱冷冻至少3小时，最后加上装饰（白巧克力、马卡龙、糖渍橙子等）即可。

2. 提前2~3周把蛋糕整体做好，用保鲜膜包裹后冷冻保存，到食用前再添加装饰即可。

别忘了在盛放蛋糕时还要在底部垫上一层纸板。

1. 制作榛子杏仁比斯基：

将烤箱预热至180摄氏度。

用厨师机制作蛋白霜，注意分几次往蛋清里加入细砂糖。

接着往蛋白霜中倒入杏仁粉、榛子粉和糖霜，并用刮刀用力拌匀。

用裱花袋填装面糊，并用12毫米口径的裱花嘴在铺有烘焙纸的烤盘上挤出长30厘米、宽12厘米的比斯基。

放入烤箱烤制15~20分钟，注意掌握火候，如果面糊烤过了，可以在表面洒一些水将其软化。

2. 制作橘子雪芭：

剥下橘子皮备用。

将牛奶煮开，过滤后再加入细砂糖和增稠剂，并熬煮奶酱。

把奶酱放凉，接着倒入橘子汁和橘子皮拌匀。

将混合物倒入冰激凌机中搅拌，之后用冰碗盛装并冷冻保存。

3. 奶油巧克力碎冰激凌：

先将冰激凌碗放进冰箱冻一会儿备用。

在锅中倒入奶油和牛奶，并用大火煮开，接着加入细砂糖、葡萄糖、奶粉和增稠剂。

关火后用打蛋器稍稍搅拌混合物，直至其温度降至85摄氏度。

将混合物过滤并用厨师机搅拌后倒入冰水浴容器中，待其完全冷却后，再重新打发。

将打好的奶油霜倒入冰激凌机中，不停搅拌，直到其呈现醇厚的慕斯状。

用40摄氏度水浴加热巧克力使其融化。在保持冰激凌机运行的同时把巧克力酱以细流状倒入搅拌碗里，这样成品中的巧克力就会凝结成酥脆的小颗粒！

把做好的冰激凌用冰碗盛放备用。

4. 蛋糕摆盘：

将榛子杏仁比斯基切块摆在模具中。

在比斯基上抹上一层1.5厘米厚的奶油巧克力碎冰激凌，并放入冰箱冷冻1小时。

待冰激凌冻硬后再铺上一层橘子雪芭，把表面抹平，并放回冰箱继续冷冻2小时。

稍稍加热模具并将蛋糕脱模，最后在蛋糕表面摆上糖渍橙子、马卡龙以及用饼干模具压出形状并撒上结晶糖的白巧克力即可。

小贴士： 您还可以在蛋糕表面喷上一层绒面，之后再添加装饰。

惊喜礼物

原料准备时间：4小时

烤制时间：7~8分钟

10人份

事先冷冻6个小碗用来盛装冰激凌。

配料

1. 草莓雪芭
50克细砂糖
250克佳丽格特草莓
25克Monin®草莓糖浆

2. 蓝莓雪芭
50毫升矿泉水
50克细砂糖
15克葡萄糖粉
1克奶粉
1克增稠剂
250克蓝莓酱
（或者将蓝莓鲜果打成泥后过滤）
15克柠檬汁

3. 树莓雪芭
50毫升矿泉水
50克细砂糖
15克葡萄糖粉
1克奶粉
1克增稠剂
250克树莓果酱
（也可以自己把树莓打成泥并过滤）
15克柠檬汁

4. 百香果雪芭
100毫升清水
25克葡萄糖（或细砂糖）
65克细砂糖
1克增稠剂
200克百香果果肉

5. 奇异果李子雪芭
45毫升清水
15克葡萄糖
20克细砂糖
1克增稠剂
165克新鲜奇异果泥
5克李子酒

6. 香草冰激凌
2根香草荚
500毫升全脂牛奶
50克细砂糖（1）
25克奶粉
20克转化糖浆
1克增稠剂
20克软化黄油
80克蛋黄
50克细砂糖（2）

7. 勺子比斯基
5个鸡蛋（仅取蛋清）
140克细砂糖
5个蛋黄
140克T45面粉
足量红色及绿色色素

所需工具

长度24厘米的树桩蛋糕模具
甜品抹刀
冰激凌搅拌机
厨房用温度计
漏勺
18毫米口径的平口裱花嘴
6毫米口径的圆孔裱花嘴
面粉筛

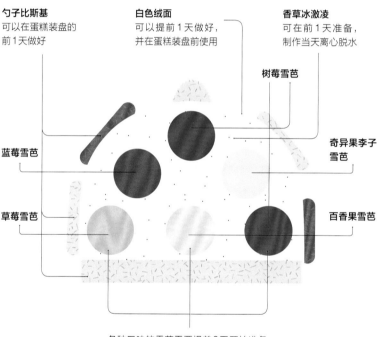

勺子比斯基
可以在蛋糕装盘的前1天做好

白色绒面
可以提前1天做好，并在蛋糕装盘前使用

香草冰激凌
可在前1天准备，制作当天离心脱水

树莓雪芭

奇异果李子雪芭

蓝莓雪芭

草莓雪芭

百香果雪芭

各种口味的雪芭需要提前2天开始准备，随后将它们挤成长条并放入冰箱冻硬

烘焙贴士

这款蛋糕的制作可以采用两种方案：

1. 在食用前1天把蛋糕做好并装盘：提前2天做好各种口味的雪芭圆柱并冷冻保存。到蛋糕入模前1天制作勺子比斯基和香草冰激凌所需的奶油酱。第二天先把奶油酱放入冰激凌机中搅拌，再把比斯基切好并用保鲜膜包好冷藏，接着把蛋糕组装起来并放入冰箱冷冻至少3小时。脱模后在蛋糕表面贴上勺子比斯基，并放回冰箱继续冷冻，到食用前先转移至冷藏室静置几分钟即可。

2. 提前2~3周把蛋糕全部做好，用保鲜膜包裹后冷冻保存，到食用前1天或者食用当天再添加装饰即可。

别忘了在盛放蛋糕时还要在底部垫上一层纸板。

1. 制作草莓雪芭：

将佳丽格特草莓搅打成果泥，在果泥中倒入细砂糖和草莓糖浆，搅拌均匀后用漏勺过滤一次。

将混合物倒入冰激凌机中搅拌，之后用冰碗盛装并冷冻保存。

2. 制作蓝莓雪芭：

将矿泉水加热至30摄氏度，接着再加入细砂糖、葡萄糖粉、奶粉和增稠剂一起煮开，待上述粉末完全化开后再加入蓝莓酱和柠檬汁。

把混合物放凉后倒入冰激凌机中搅拌，之后再倒进冰的容器中并冷冻保存。

3. 制作树莓雪芭：

在锅中倒入矿泉水并加热至30摄氏度，接着加入细砂糖、葡萄糖粉、奶粉和增稠剂一起煮沸。

待细砂糖完全溶化后，再把糖浆倒入树莓果酱和柠檬汁中，静置放凉。

将混合物倒入冰激凌机中搅拌，之后用冰碗盛装并冷冻保存。

4. 制作百香果雪芭：

将清水、葡萄糖、细砂糖和增稠剂均匀混合做成糖浆。

把糖浆加热至50摄氏度。

待糖浆冷却后再往里面加入百香果果肉，随后倒入冰激凌机中搅拌，最后用冰碗盛装并冷冻保存。

5. 制作奇异果李子雪芭：

将清水、葡萄糖、细砂糖和增稠剂均匀混合做成糖浆，随后往放凉的糖浆里加入奇异果果泥和李子酒。

把混合物倒入冰激凌机中搅拌，最后用冰的容器冷冻保存。

6. 制作香草冰激凌：

用刀尖切开香草荚，刮下香草籽，随后把香草籽和香草碎一起倒进牛奶中并加热至30摄氏度左右。

此时往香草牛奶中加入细砂糖（1）、奶粉、转化糖浆和增稠剂，继续加热至50摄氏度后再加入黄油。

将细砂糖（2）加到蛋黄中并将其打发，随后把蛋黄霜倒入热牛奶里。继续用文火加热混合物并不停用木勺搅拌，待温度升至83摄氏度时关火，并将混合物过滤一次。

稍稍搅拌一下蛋奶酱，使各种配料混合更均匀，之后再用保鲜膜将容器封口，并放入冰箱冷藏。注意保鲜膜要直接贴在蛋奶酱液面上，而不是盖在容器上，防止蛋奶酱和空气接触。

待蛋奶酱冷却下来后倒入冰激凌机中搅拌，最后放入冰箱冷冻保存。

小贴士：最好在冰激凌质地还比较软的时候（也就是从冰激凌机中取出2小时后）就将其填入模具。

7. 制作勺子比斯基：

在通风状态下把烤箱预热至180摄氏度。

一点点往蛋清里加入细砂糖并将其打发，接着往蛋白霜中加入蛋黄和面粉，并用刮刀拌匀。

把面糊均分为两份，在一份中滴入红色色素，另一份中滴入绿色色素。

将两份面糊分别着色后倒在烘焙纸上，稍稍抚平表面，使其厚度达到约6毫米，随后放进烤箱烤制7~8分钟。

从烤好的比斯基中切出一块约7厘米宽的长方形用作饼底，若干块圆形比斯基片用于装饰。

8. 最后进行蛋糕组装和摆盘：

用几个裱花袋填装上各种雪芭，然后用18毫米口径的裱花嘴在冰的烤盘上间隔地挤出长条。

将各种雪芭放进冰箱冷冻几小时（要做到这一点，您需要一台功率较大的冰箱，并且要提前1晚把冷冻室制冷挡位调至最高），之后再用小刀把雪芭切成与蛋糕模具等长的柱状。往模具里倒1/3的香草冰激凌，放上一根柱状雪芭并将其压进冰激凌中。继续往模具里倒入香草冰激凌，并用同样的方法压入另外两种口味的雪芭。再倒入一层冰激凌，压入三种雪芭，并用一整块勺子比斯基封顶。

把半成品的蛋糕放入冰箱冷冻2小时后脱模，然后用6毫米口径的裱花嘴填装冰激凌。在蛋糕顶部再挤出两条平行的线条，再放回冰箱冷冻1小时。最后在蛋糕四周粘上两种颜色的勺子比斯基，把多余的比斯基用漏勺压成碎屑并撒在顶部的小凹槽中。

小贴士：您还可以在蛋糕表面喷上一层白色绒面，之后再用果泥把比斯基粘在其表面。

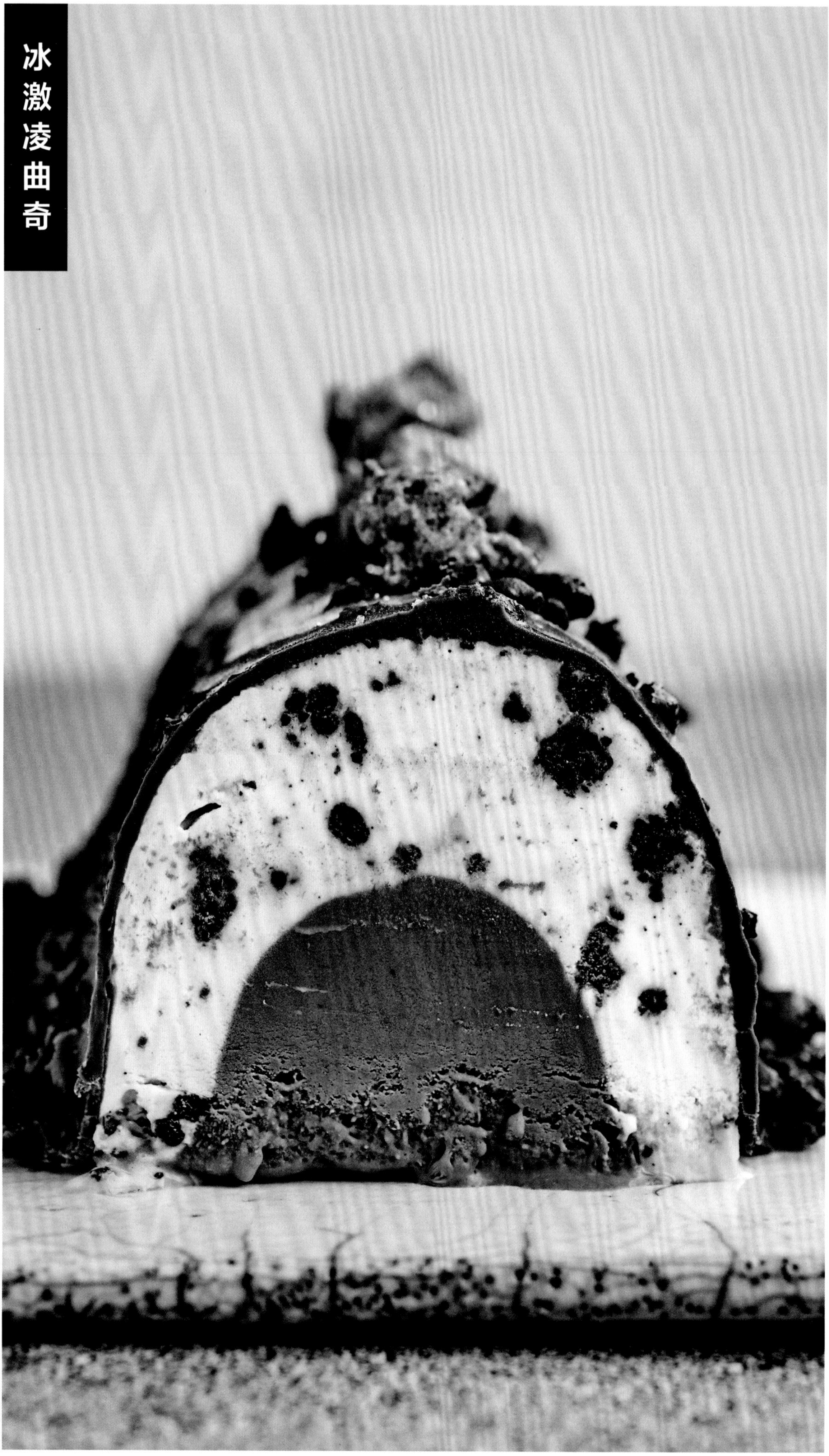
冰激凌曲奇

原料准备时间：4小时

烤制时间：35分钟左右

静置时间：1晚

10人份

配料

1. 榛子脆饼

125克榛子
125克细砂糖
半茶匙香草粉
半茶匙肉桂粉
60克蛋清

2. 盐之花巧克力曲奇

105克软化黄油
125克红糖
50克细砂糖
3克盐之花
2克香草精
180克T45面粉
30克可可粉
5克小苏打
155克圭亚那巧克力（法芙娜®牌）

3. 香草曲奇碎冰激凌

2根塔希提香草荚
500毫升全脂牛奶
50克细砂糖（1）
25克奶粉
20克转化糖浆
1克增稠剂
20克软化黄油
80克蛋黄
50克细砂糖（2）
曲奇饼干碎

4. 榛子巧克力冰激凌

220毫升全脂牛奶
60毫升全脂鲜奶油
10克奶粉
40克细砂糖
1克增稠剂
15克转化糖浆
45克圭亚那巧克力（法芙娜®牌）
40克榛子酱

5. 巧克力淋面酱

300克可可含量52%的黑巧克力
75克花生油或者葡萄籽油
70克曲奇碎

所需工具

长度24厘米的树桩蛋糕模具
厨房用温度计
漏勺
直径5厘米的沟槽模具
Rhodoïd®塑料纸
比蛋糕尺寸略大的垫板

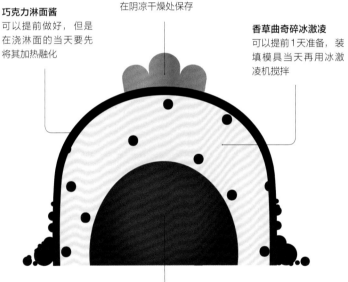

巧克力淋面酱
可以提前做好，但是
在浇淋面的当天要先
将其加热融化

榛子脆饼
可以提前做好，并放
在阴凉干燥处保存

香草曲奇碎冰激凌
可以提前1天准备，装
填模具当天再用冰激
凌机搅拌

榛子巧克力冰激凌
可以提前1天准备，装填模
具当天再用冰激凌机搅拌

烘焙贴士

这款蛋糕的制作可以采用三种方案：

1.提前1晚做好冰激凌原料，到第二天把它们放入冰激凌机中搅拌，并依次
将其填入模具，最后把蛋糕冷冻足够长的时间并添加装饰即可。

2.提前把冰激凌填入模具然后冻起来（最多可以保存2周），食用当天先将
蛋糕脱模，然后浇上淋面并添加装饰即可。

3.您也可以把蛋糕完全做好（包括表面装饰），接着把完整的成品放入纸盒
或隔热包装中冷冻保存直至食用，别忘了在盛放蛋糕时还要在底部垫上一层
纸板。

1. 制作榛子脆饼:

用研磨机把榛子磨碎。

往一个大碗中倒入细砂糖、香草粉、肉桂粉和榛子碎,再加入蛋清并搅拌均匀,接着把混合物倒入不锈钢锅中用小火加热,注意过程中需要不停地用木勺搅拌。

待混合物达到70摄氏度左右(手触摸明显感觉到烫手)时关火,静置放凉并不时搅拌。

把冷却下来的面糊放进冰箱冷藏1晚。

第二天先把烤箱预热至170摄氏度。在烤盘中铺上一层烘焙纸,然后用小勺把面糊舀到烤盘中,堆成约3厘米宽的团状。

用烤箱烤制二十几分钟,放凉后用刮刀把所有榛子脆饼从烘焙纸上铲下来,并密封保存。

2. 制作盐之花巧克力曲奇:

用厨师机将黄油、各类糖(红糖和细砂糖)、盐之花和香草精均匀混合。

将面粉、可可粉和小苏打过筛,然后加到上一步中的混合物里一起拌匀。

往碗里继续倒入巧克力碎并揉成面团,静置1小时,将其放凉。

把面团夹在两层烘焙纸之间,用擀面杖擀至5毫米厚,接着撕掉一层烘焙纸,并放入170摄氏度的烤箱烤制5分钟。

把烤至半熟的巧克力饼切成边长约为4厘米的方块,然后再放烤箱继续烤5~8分钟。

把烤好的巧克力饼放在阴凉干燥处保存,再取出一部分的曲奇用擀面杖碾碎备用。

3. 制作香草曲奇碎冰激凌:

用刀尖切开香草荚,刮下香草籽,随后把牛奶、香草荚和香草籽倒在一起加热,等到温度上升至30摄氏度左右时加入细砂糖(1)、奶粉、转化糖浆和增稠剂,继续加热至50摄氏度时再加入黄油,最后把混合物煮沸。

把细砂糖(2)加到蛋黄中并将其打发,随后将其加到上一步中煮开的热牛奶里。

继续用文火加热混合物并不停用木勺搅拌,待温度升至82摄氏度时关火,并将混合物过滤一次。

用打蛋器稍稍搅拌奶油酱使其更均匀,之后再用保鲜膜把容器封口并放入冰箱冷藏,注意保鲜膜要直接贴在奶油酱液面上而不是盖在容器上,防止奶油酱和空气接触。

待奶油酱冷却后,和盐之花巧克力曲奇碎一起倒入冰激凌机中搅拌,最后放入冰箱冷冻保存。

小贴士: 最好在冰激凌质地还比较软的时候(也就是从冰激凌机中取出2小时后)就将其填入模具。

4. 制作榛子巧克力冰激凌:

把奶粉、奶油和牛奶一起倒入锅中并加热至50摄氏度,然后加入细砂糖、增稠剂和转化糖浆继续熬煮,注意在加热过程中需要不时搅拌。

在熬煮奶酱的同时用小刀或者厨师机把巧克力切成碎屑。

奶酱煮开后,先倒出其中1/3到巧克力碎里,并加入榛子酱一起打发,接着再分两次把剩下的奶酱也拌入混合物里,注意每次加完后都要把混合物重新打发。

待榛子巧克力奶油霜冷却后将其倒入冰激凌机中搅拌,最后将其填入直径5厘米的沟槽模具,并放入冰箱冷冻保存。

5. 制作巧克力淋面:

用小刀或厨师机把巧克力切碎,然后用微波炉或水浴加热将其融化。

往巧克力中拌入花生油(或葡萄籽油),接着在35~40摄氏度的恒温条件下用橡胶刮刀不停搅拌。

再往混合物中拌入少许盐之花巧克力曲奇碎,随后保存备用。

6. 蛋糕的组装:

先在树桩蛋糕模具的内壁贴上一层塑料纸,然后在其表面抹上一层5厘米厚的香草曲奇碎冰激凌,在中央做出一个凹槽,然后把冻硬的榛子巧克力冰激凌放入其中。

用剩下的香草冰激凌把模具填满并把表面抹平,随后把蛋糕放入冰箱冷冻至少3小时(最好冻一整晚)。

第二天将蛋糕脱模,并放在烤架上浇上淋面酱,之后用榛子脆饼蘸剩下的淋面酱,粘在蛋糕顶部(用作装饰)。

摆盘阶段,先在比树桩蛋糕略大的底板上抹上少许淋面酱(这么做是为了防止蛋糕放上去后滑动),小心地把树桩蛋糕摆在中央即可。

圣诞老人

原料准备时间：4小时

（包括蛋糕各部分的准备时间和蛋糕组装所需要的时间）

烤制时间：2小时15分钟左右

静置时间：2天2夜

8人份

注意所有的模具在使用前都需要冷冻

红色蛋糕淋面
需要提前1天做好

香草冰激凌
可以提前1天准备，装填模具当天再用冰激凌机搅拌，这样做出的成品口感更加绵软

哒哒糖雪芭
可以提前1天准备，装填模具当天再用冰激凌机搅拌

洛林风味比斯基
需要提前1天做好，用保鲜膜包裹并冷藏

草莓蛋糕夹心
最好提前几天准备好草莓蛋糕夹心的原料，并将其填入模具冷冻保存，这样才能将其完全冻硬

烘焙贴士

这款蛋糕的制作可以采用两种方案：

1. 先把圣诞老人蛋糕的主体部分做好（不包括淋面和蛋糕装饰）。用保鲜膜将其包裹并放入冰箱冷冻室保存，食用前2天把保鲜膜撕掉。给蛋糕浇上淋面后再放回冰箱冷冻，如果淋面浇得不均匀或者流失太多（这可能是由于浇淋面前冰激凌没有完全冻硬造成的），还可以浇第二次。最后到食用当天在蛋糕表面贴上装饰件即可。

在给蛋糕浇上淋面前最好先将其冷冻2~3天，这样可以使蛋糕和淋面酱结合得更牢固。

2. 提前1周把蛋糕全部做好（包括淋面和装饰），并把蛋糕成品冷冻保存，注意要保持蛋糕结构的稳定，避免晃动，并且在盛放蛋糕时还要在底部垫上一层圆形垫板。

整个蛋糕的重量约为900克，为了能够确保把模具填满，最好把每种冰激凌或雪芭都多做一些。

配料

1. 草莓蛋糕夹心
80克草莓果酱
30克转化糖浆（或细砂糖）
7克草莓果酒

2. 香草冰激凌
2根塔希提香草荚
500毫升全脂牛奶
50克细砂糖（1）
25克奶粉
20克转化糖浆
1克增稠剂
20克软化黄油
80克蛋黄
50克细砂糖（2）

3. 哒哒糖雪芭
200毫升清水
100克哒哒草莓软糖
45克细砂糖
7克葡萄糖粉
250克草莓果酱

4. 洛林风味比斯基
100克蛋清
60克细砂糖（1）
70克T45面粉
60克细砂糖（2）
25克融化的黄油
10克开心果酱

5. 烤蛋白装饰
50克蛋清
50克细砂糖
50克糖霜（1）
30克糖霜（2）
100克红色杏仁酱

6. 红色蛋糕淋面
25克细砂糖（1）
6克NH果胶
150毫升清水
75克葡萄糖
225克细砂糖（2）
粉状食用色素（红色）

所需工具

直径16厘米，高8厘米，容积1升的圆底蛋糕模具1个
直径7厘米，高4厘米的圆底蛋糕模具1个
厨房用温度计
漏勺
冰激凌搅拌机
不锈钢抹刀
10毫米口径的圆口裱花嘴

1. 制作草莓蛋糕夹心：

将所有配料倒在一起拌匀，倒入较小的圆底蛋糕模具，并放入冰箱冷冻1晚。

2. 制作香草冰激凌：

切开香草荚，把香草籽和香草碎一起倒进牛奶中，并加热至30摄氏度左右。

此时往香草牛奶中加入细砂糖（1）、奶粉、转化糖浆和增稠剂，继续加热至50摄氏度后再加入黄油。将细砂糖（2）加到蛋黄中并将其打发，随后把蛋黄霜倒入热牛奶里。

继续用文火加热混合物并不停用木勺搅拌，待温度升至82摄氏度时关火并将混合物过滤一次。

稍稍搅拌一下蛋奶酱，使各种配料混合更均匀，之后再用保鲜膜将容器封口并放入冰箱冷藏。注意保鲜膜要直接贴在蛋奶酱液面上而不是盖在容器上。

待蛋奶酱冷却下来后倒入冰激凌机中搅拌，最后放入冰箱冷冻保存。

3. 制作哒哒糖雪芭

把清水煮开，关火后加入哒哒草莓软糖、葡萄糖和细砂糖，并将混合物拌匀。继续往锅里加入草莓果酱，注意此过程中需要不停搅拌。

将混合物静置1小时，放凉后再倒进冰激凌机中搅拌，最后放入冰箱冷冻保存。

4. 制作洛林风味比斯基：

将烤箱预热至190摄氏度。

在蛋清中加入细砂糖（1），将其打发成坚挺的蛋白霜，之后再加入面粉和细砂糖（2），并用刮刀拌匀。

接着往混合物里倒入黄油和开心果酱，用刮刀搅拌均匀。

在烤盘里铺上一层烘焙纸，倒入面糊，并用不锈钢抹刀抹成约1厘米厚。用烤箱烤制10~15分钟，最后把烤好的比斯基在烤架上放凉。

5. 制作烤蛋白装饰：

往蛋清中加入细砂糖并将其打发，接着用刮刀往打好的蛋白霜里拌入糖霜（1）。

把蛋白霜填进裱花袋里，用10毫米口径的裱花嘴在烘焙纸上画出各种形状（3颗分开的蛋白球、1块圆饼、1副胡子和几颗连在一起的小球），之后再撒上一层糖霜（2），具体做法参见本书第34~35页。

把蛋白霜放入90摄氏度的烤箱中烤制2小时，直到将其完全烤干为止。

在烤盘里把红色杏仁酱铺开并切成三角形，之后沿着一条边把三角形卷成圆锥，最后把圆锥粘在圆饼状的烤蛋白上，并在顶部粘上一个小球做成圣诞帽装饰。

6. 制作红色蛋糕淋面：

将细砂糖（1）和NH果胶倒在一起并搅拌均匀。在锅中倒入清水、葡萄糖和细砂糖（2），一起加热至30摄氏度后再加入上一步中的砂糖果胶混合物以及用热水溶化的红色色素。最后用文火加热2分钟，把混合液煮开即可。

7. 蛋糕的组装及摆盘：

先在圆底蛋糕模具的内壁抹上一层3厘米厚的香草冰激凌，然后放入冰箱，将其冻硬。

接着在香草冰激凌中央的凹槽里填满哒哒糖雪芭，把冻硬的草莓蛋糕夹心压入其中，并用抹刀把表面抹平。将洛林风味比斯基切成和模具等大，然后把比斯基盖在雪芭表面并轻轻压实，放进冰箱冷冻1晚。

第二天将蛋糕脱模：手持模具将其底部在热水里浸泡一会儿，再将其翻转过来，使蛋糕自动滑落，之后把蛋糕摆放在垫板中央。把脱模后的蛋糕放回冰箱冷冻1小时。把蛋糕取出，浇注淋面并再次放回冰箱冷冻，最后在表面依次贴好烤蛋白装饰件即可。

原料准备时间：约4小时

蛋糕冷冻成形所需时间：约2小时

按照该食谱可以制作2~3个冰激凌派

事先冷冻6个小碗来盛装冰激凌或雪芭

配料

1. 树莓雪芭

50毫升矿泉水
50克细砂糖
15克葡萄糖粉
1克奶粉
1克增稠剂
250克树莓果酱
（也可以自己把树莓打成泥并过滤）
15克柠檬汁

2. 百香果雪芭

100毫升清水
25克葡萄糖
65克细砂糖
1小勺增稠剂
200克百香果果肉

3. 橙子雪芭

80克方糖
250克鲜榨橙汁
25克细砂糖
2克增稠剂
40毫升清水

4. 奇异果李子雪芭

45毫升清水
15克葡萄糖
20克细砂糖
1克增稠剂
165克奇异果酱
5克李子酒

5. 柠檬雪芭

125毫升清水
125毫升牛奶
110克细砂糖
1克增稠剂
125克黄柠檬汁

6. 香草冰激凌

2根塔希提香草荚
500毫升全脂牛奶
50克细砂糖（1）
25克奶粉
20克转化糖浆
1克增稠剂
20克软化黄油
80克蛋黄
50克细砂糖（2）

7. 调温巧克力

500克可可含量64%的黑巧克力

8. 蛋糕装盘

烤蛋白棒（做法见34~36页）

所需工具

长20厘米、宽11厘米、深6厘米的陶钵
厨房用温度计
冰激凌搅拌机
漏勺
甜品刷
冰激凌挖球勺
圣奥诺黑花嘴及裱花袋

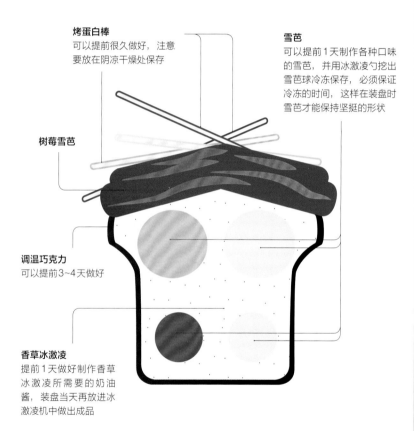

烤蛋白棒
可以提前很久做好，注意要放在阴凉干燥处保存

雪芭
可以提前1天制作各种口味的雪芭，并用冰激凌勺挖出雪芭球冷冻保存，必须保证冷冻的时间，这样在装盘时雪芭才能保持坚挺的形状

树莓雪芭

调温巧克力
可以提前3~4天做好

香草冰激凌
提前1天做好制作香草冰激凌所需要的奶油酱，装盘当天再放进冰激凌机中做出成品

烘焙贴士

这款蛋糕的制作可以采用两种方案：

1.在食用前1天把蛋糕做好并装盘：先提前准备好各种口味的雪芭，挖出雪芭球并放在烤盘里冷冻保存。到进行蛋糕组装的前1晚做出香草冰激凌所需的奶油酱。第二天先把奶油酱放入冰激凌机中搅拌，再把冰激凌各部分填入巧克力外壳中，最后把什锦冰激凌派放入冰箱冷冻，到食用前转移至冷藏室放置15~20分钟即可。

2.提前1周把蛋糕全部做好，用保鲜膜包裹后冷冻保存，到食用前1天用树莓雪芭和烤蛋白装饰表面即可。

别忘了在盛放蛋糕时还要在底部垫上一层圆形纸板。

1. 制作树莓雪芭:

在锅中倒入矿泉水并加热至30摄氏度,接着加入细砂糖、葡萄糖粉、奶粉和增稠剂一起煮沸。

待细砂糖完全溶化后再把糖浆倒入树莓果酱和柠檬汁中,静置放凉。

将混合物倒入冰激凌中搅拌,之后用冰碗盛装并冷冻保存。

2. 制作百香果雪芭:

将清水、葡萄糖、细砂糖和增稠剂均匀混合做成糖浆。

把糖浆加热至50摄氏度。

待糖浆凉下来后再加入百香果果肉,随后倒入冰激凌机中搅拌,最后用冰碗冷冻保存。

3. 制作橙子雪芭:

将方糖碾碎,橙子榨汁,将榨汁剩下的橙子果肉和方糖一起打成泥。接着取用约125克橙汁,往其中加入细砂糖和增稠剂熬煮糖浆。

把剩下的125克橙汁倒进糖浆中,再把糖浆倒进果泥中拌匀。最后将混合物倒入冰激凌机搅拌,并用冰冻的容器盛装。

4. 制作奇异果李子雪芭:

在清水中加葡萄糖、细砂糖和增稠剂熬煮糖浆。

把糖浆放凉后再加入奇异果酱和李子酒。

将混合物倒入冰激凌机中搅拌,之后用冰碗盛装并冷冻保存。

5. 制作柠檬雪芭:

把清水和牛奶倒入锅中煮沸,过滤后加入增稠剂和细砂糖熬煮糖浆,待混合物放凉后再倒入黄柠檬汁。

将混合物倒入冰激凌机中搅拌,之后用冰碗盛装并冷冻保存。

6. 制作香草冰激凌:

用刀尖切开香草荚,刮下香草籽,把香草籽和香草碎一起倒进牛奶中,并加热至30摄氏度左右。

此时往香草牛奶中加入细砂糖(1)、奶粉、转化糖浆和增稠剂,继续加热至50摄氏度后再加入黄油。

将细砂糖(2)加到蛋黄中并将其打发,随后把蛋黄霜倒入热牛奶里。继续用文火加热混合物并不停用木勺搅拌,待温度升至82摄氏度时关火,并将混合物过滤一次。

稍稍搅拌一下蛋奶酱,使各种配料混合更均匀,之后再用保鲜膜将容器封口并放入冰箱冷藏。注意保鲜膜要直接贴在蛋奶酱液面上而不是盖在容器上,防止蛋奶酱和空气接触。

待蛋奶酱冷却下来后倒入冰激凌机中搅拌,最后放入冰箱冷冻保存。

小贴士: 最好在冰激凌质地还比较软的时候(也就是从冰激凌机中取出2小时后)就将其填入模具。

7. 调温巧克力:

想要做出富有光泽的巧克力外壳,就必须先对巧克力进行调温!

为了对巧克力实现准确调温,您需要配备精准刻度的温度计和过量(至少500克)的巧克力,因为巧克力的量较多时调温更加容易,多出来的部分可以保存起来以备之后使用。

把巧克力切碎并用小碗盛装,随后用水浴加热至其融化,稍稍搅拌直至其表面变光滑,注意用厨房温度计控制巧克力的温度:

等到巧克力温度达到50摄氏度时关火,接着用冰水浴使其温度降至27~28摄氏度。

把降温后的巧克力再放回水浴加热装置中,直到其温度升至30~32摄氏度时候即调温完成。

8. 将蛋糕各部分组装起来并完成摆盘:

制作冰激凌派的巧克力钵体可以参照本书第28~29页的食谱。

用甜品刷在钵的内壁刷上一层巧克力,之后放在20摄氏度左右的环境下等待巧克力凝固。

再倒入一些巧克力并翻转模具,使

钵的内壁上再附上第二层巧克力,在夏天的时候还可以把模具放入冰箱冷藏几秒钟,这么做是为了把巧克力外壳适当加厚,使冰激凌派更加坚固。

等到巧克力完全冻硬后将其脱模并放入冰箱冷冻20分钟。

待巧克力外壳完全冻硬后,往其中倒入2~3厘米深的香草冰激凌,接着往香草冰激凌中压入各种口味的雪芭球,再倒入冰激凌把巧克力钵体填满并把表面抹平。

把半成品放进冰箱冷冻1小时,取出后圣奥诺黑花嘴在表面来回挤出波浪状的树莓雪芭,再放回冰箱继续冷冻20分钟左右,最后在冰激凌派的顶部插上烤蛋白棒即可。

注意这款甜品需要冷冻保存,食用前先将其转移到冷藏室放置一会儿,口感更佳。

水果盛宴

原料准备时间：4小时

静置时间：1晚

10人份

注意所有模具和用来盛装冰激凌或雪芭、慕斯的小碗（8个）

都需要先放进冰箱冷冻。

为了让制作过程简化，您也可以直接把所有雪芭都做成球状。

冰激凌和雪芭

可以提前2天准备，然后在"拼装"蛋糕的前1天用冰激凌机搅拌并用模具做成不同形状，到第二天再粘在冰块底座上

冰块底座（展示盘）

可以提前几天做好并冷冻保存，您也可以用其他模具做出不同形状的底座

烘焙贴士

这款蛋糕的制作可以采用两种方案：

1. 提前2天准备好各类冰激凌及雪芭所需的原料，在食用前1天用冰激凌机做出成品并把各个部件组装起来，冷冻一会儿后再添加装饰即可。

2. 一次性把蛋糕做好（包括各个部分及拼装步骤），之后把完整的成品放入纸盒或隔热包装中冷冻保存直至食用（大约可以保存1周）。

别忘了在盛放蛋糕时还要在底部垫上一层纸板。

配料

1. 巧克力冰激凌

200毫升全脂牛奶

60毫升全脂鲜奶油

10克奶粉

40克细砂糖

1克增稠剂

15克转化糖浆

45克圭亚那巧克力（法芙娜牌）

2. 香草冰激凌

1根塔希提香草荚

250毫升全脂牛奶

25克细砂糖（1）

10克奶粉

10克转化糖浆

1克增稠剂

10克软化黄油

40克蛋黄

25克细砂糖（2）

3. 草莓雪芭

250克佳丽格特草莓

50克细砂糖

25克Monin®草莓糖浆

4. 蓝莓雪芭

50毫升矿泉水

50克细砂糖

15克葡萄糖粉

1克奶粉

1克增稠剂

250克蓝莓酱

（或者将蓝莓鲜果打成泥后过滤）

15克柠檬汁

5. 树莓雪芭

50毫升矿泉水

50克细砂糖

15克葡萄糖粉

1克奶粉

1克增稠剂

250克树莓果酱

（也可以自己把树莓打成泥并过滤）

15克柠檬汁

6. 百香果雪芭

100毫升清水

25克葡萄糖（或细砂糖）

65克细砂糖

1小勺增稠剂

200克百香果果肉

7. 奇异果李子雪芭

50毫升清水

15克葡萄糖

20克细砂糖

1克增稠剂

165克奇异果酱

5克李子酒

8. 柠檬冰慕斯

120毫升清水

120毫升全脂牛奶

110克细砂糖

1克增稠剂

120毫升黄柠檬汁

9. 冰块底座

约1升清水

所需工具

厨房用温度计

冰激凌搅拌机

漏勺

1. 制作巧克力冰激凌：

往锅中倒入牛奶、奶油和奶粉并加热至50摄氏度，接着加入细砂糖、增稠剂和转化糖浆拌匀，继续加热直到把混合物煮沸。

用小刀或厨师机把巧克力切碎。

待奶酱煮开后，先倒出其中1/3到巧克力碎里，并把混合物打发。

接着分两次把剩下的奶酱全部倒进混合物中，注意每次加完后都要把混合物重新打发。待巧克力奶油霜冷却后，将其倒入冰激凌机中搅拌，最后用冰碗盛装并冷冻保存。

2. 制作香草冰激凌：

切开香草荚，把香草籽和香草碎一起倒进牛奶中并加热至30摄氏度左右。此时往香草牛奶中加入细砂糖（1）、奶粉、转化糖浆和增稠剂，继续加热至50摄氏度后再加入黄油。

将细砂糖（2）加到蛋黄中并将其打发，随后把蛋黄霜倒入热牛奶里。继续用文火加热混合物并不停用木勺搅拌，待温度升至82摄氏度时关火，并将混合物过滤一次。

稍稍搅拌一下蛋奶酱，使各种配料混合更均匀，之后再用保鲜膜将容器封口并放入冰箱冷藏，注意保鲜膜要直接贴在蛋奶酱液面上而不是盖在容器上。

待蛋奶酱冷却下来后倒入冰激凌机中搅拌，最后放入冰箱冷冻保存。

3. 制作草莓雪芭：

将佳丽格特草莓搅拌成果泥，在果泥中倒入细砂糖和草莓糖浆，搅拌均匀后再用漏勺过滤。

将混合物倒入冰激凌机中搅拌，之后用冰碗盛装并冷冻保存。

4. 制作蓝莓雪芭：

将矿泉水加热至30摄氏度，接着再加入细砂糖、葡萄糖、奶粉和增稠剂一起煮沸，待食材完全溶化后再倒入蓝莓酱和柠檬汁。

把混合物放凉后倒入冰激凌机中搅

拌，之后再倒进冰碗中冷冻保存。

5. 制作树莓雪芭：

在锅中倒入矿泉水并加热至30摄氏度，接着加入细砂糖、葡萄糖粉、奶粉和增稠剂一起煮沸。

待细砂糖完全溶化后再把糖浆倒入树莓果酱和柠檬汁中，静置放凉。

将混合物倒入冰激凌机中搅拌，之后用冰碗盛装冷冻保存。

6. 制作百香果雪芭：

将清水、葡萄糖、细砂糖和增稠剂均匀混合做成糖浆。

把糖浆加热至50摄氏度。

待糖浆凉下来后再加入百香果果肉，随后倒入冰激凌机中搅拌，最后用冰碗盛装并冷冻保存。

7. 制作奇异果李子雪芭：

在清水中加葡萄糖、细砂糖和增稠剂熬煮。把糖浆放凉后再加入奇异果酱和李子酒。

将混合物倒入冰激凌机中搅拌，之后用冰碗盛装并冷冻保存。

8. 制作柠檬冰慕斯：

把牛奶和清水倒在一起煮开，随后将混合液过滤并加入细砂糖和增稠剂拌匀。

静置放凉后往其中倒入黄柠檬汁，接着放进冰激凌机中搅拌。把做好的柠檬冰慕斯用冰碗盛装并冷冻保存。

9. 制作冰块底座：

往蛋糕模具或（陶制或塑料制）甜品钵中倒满清水，滴入色素并拌匀，接着将其放进冰箱冷冻1晚。

10. 最后进行摆盘：

首先确保所有的模具都已经冻好，接着往里面填入各种雪芭、慕斯和冰激凌，并放进冰箱冷冻1晚。

第二天将雪芭、慕斯和冰激凌脱模，然后把它们放在冰的烤盘里再冷冻1小时。

用同样的方法将冰块底座脱模并放置在方盘中央（用于盛放蛋糕的方盘事先也需要冷冻）。

取出一块雪芭（或冰激凌、慕斯），在其背面抹上少许香草冰激凌（起到黏合剂的作用）并粘在底座上，之后放回冰箱冷冻半小时。

对每一块冰激凌、慕斯和雪芭"部件"都用相同的方法，把它们粘在底座上，每放上一块新的"部件"都要冷冻半小时，最后完成整个"水果盛宴"。注意这款蛋糕直到食用前需要一直冷冻保存。

白色大衣

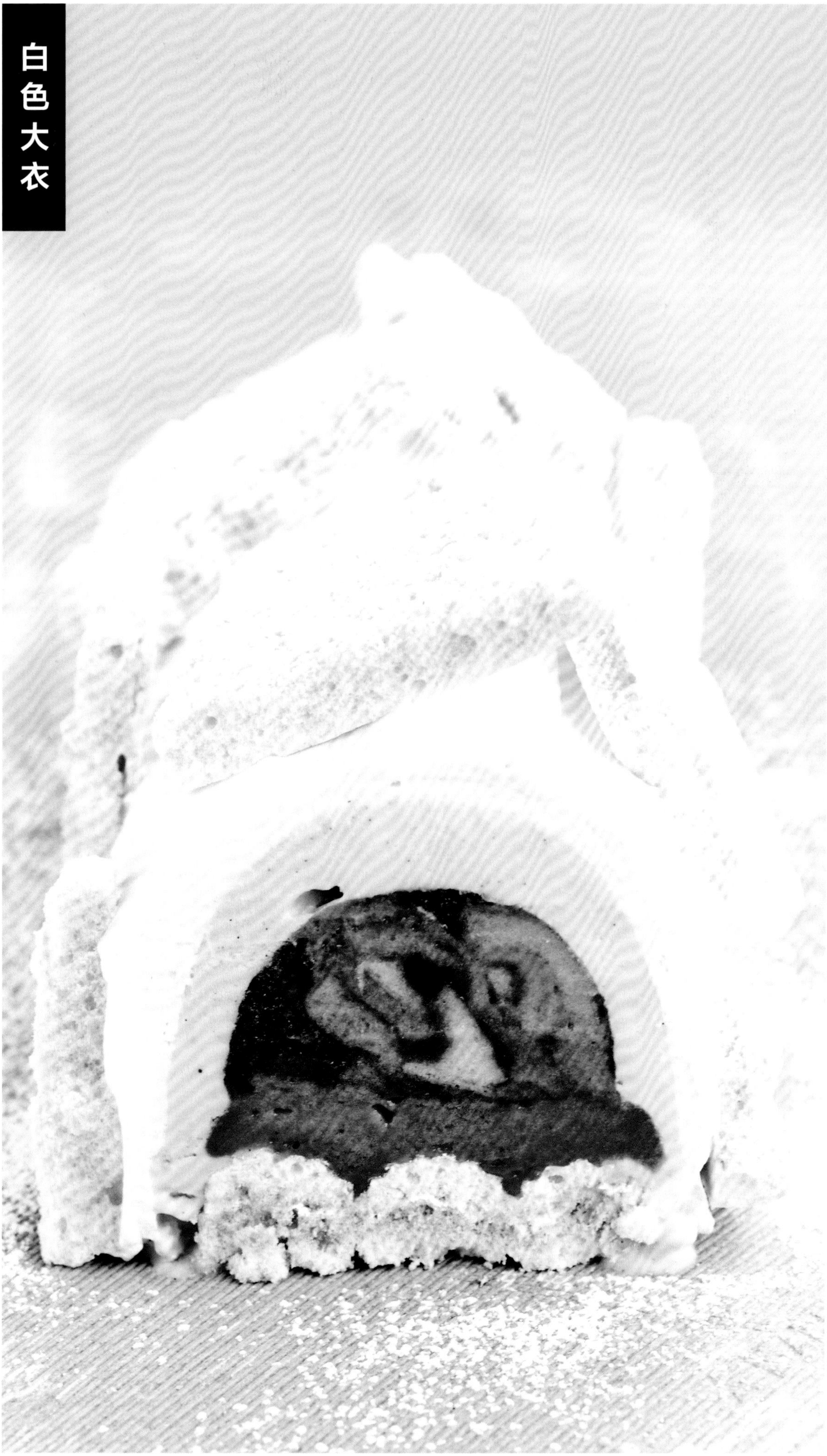

白色大衣

8人份

原料准备时间：1小时

烤制时间：2小时8分钟

静置时间：至少4小时

事先冷冻4个小碗用来盛装冰激凌或雪芭

香草冰激凌
可以提前1天做好，到蛋糕入模前倒入冰激凌机中做出成品

烤蛋白
可以提前很久做好，注意要密封并放在阴凉干燥处保存

香缇奶油
需要在蛋糕装盘当天现做现用

树莓雪芭
可以提前1天准备，蛋糕入模当天再用冰激凌机搅拌

蓝莓雪芭和巴旦杏仁雪芭
需要提前1天做好并冷冻1晚，因此需要提前2天着手准备

烘焙贴士

这款蛋糕的制作可以采用三种方案：

1.提前1晚准备好各式冰激凌及雪芭的原料，到第二天把它们放入冰激凌机中搅拌，依次填入模，最后把蛋糕冷冻足够长的时间并添加装饰即可。

2.提前把各式冰激凌及雪芭填入模具中然后冻起来（最多可以保存2周），到食用当天先将蛋糕脱模，之后添加装饰即可。

3.您也可以把蛋糕完全做好（包括表面装饰），接着把完整的成品放入纸盒或隔热包装中冷冻保存直至食用，别忘了在盛放蛋糕时还要在底部垫上一层纸板。

配料

1. 树莓雪芭
50毫升矿泉水
50克细砂糖
15克葡萄糖粉
1克奶粉
1克增稠剂
250克树莓果酱
（也可以自己把树莓打成泥并过滤）
15克柠檬汁

2. 蓝莓雪芭
50毫升矿泉水
50克细砂糖
15克葡萄糖粉
1克奶粉
1克增稠剂
270克蓝莓酱
（或者将蓝莓鲜果打成泥后过滤）
5克柠檬汁

3. 巴旦杏仁雪芭
250克巴旦杏仁糖浆
250毫升全脂牛奶
125克全脂鲜奶油

4. 香草冰激凌
1根塔希提香草荚
500毫升全脂牛奶
50克细砂糖（1）
25克奶粉
20克转化糖浆
1克增稠剂
20克软化黄油
80克蛋黄
50克细砂糖（2）

5. 烤蛋白
4个鸡蛋（仅取蛋清）
240克细砂糖

6. 香缇奶油
250毫升鲜奶油
50克细砂糖
5克樱桃利口酒
1茶匙香草精

7. 蛋糕装饰
（不会溶化的）装饰用糖粉
糖霜

所需工具

24厘米长的树桩蛋糕模具
厨房用温度计
冰激凌搅拌机
漏勺
14毫米口径的圆口花嘴（及裱花袋）
5厘米直径的小沟槽状模具
不锈钢甜品抹刀

1. 制作树莓雪芭：

在锅中倒入矿泉水并加热至30摄氏度，接着加入细砂糖、葡萄糖粉、奶粉和增稠剂一起煮沸。

待细砂糖完全溶化后再把糖浆倒入树莓果酱和柠檬汁中，静置放凉。

将混合物倒入冰激凌机中搅拌，之后用冰碗盛装并冷冻保存。

2. 制作蓝莓雪芭：

把矿泉水加热至30摄氏度，接着再加入细砂糖、葡萄糖粉、奶粉和增稠剂一起煮沸，待食材完全溶化后再加入蓝莓酱和柠檬汁。

把混合物放凉后倒入冰激凌机中搅拌，之后再倒进冰碗里冷冻保存。

3. 制作巴旦杏仁雪芭：

将所有配料倒在一起搅拌均匀，注意不要加热。

把混合物倒入冰激凌机中搅拌，再倒进冰碗里冷冻保存。

4. 制作香草冰激凌：

用刀尖切开香草荚，刮下香草籽，然后把香草籽和香草碎一起倒进牛奶中，并加热至30摄氏度左右。

此时往香草牛奶中加入细砂糖（1）、奶粉、转化糖浆和增稠剂，继续加热至50摄氏度后再加入黄油，并继续把混合物煮沸。

将细砂糖（2）加到蛋黄中并将其打发，随后把蛋黄霜倒入热牛奶里。继续用文火加热混合物并不停用木勺搅拌，待温度升至82摄氏度时关火，并将混合物过滤一次。

稍稍搅拌一下蛋奶酱，使各种配料混合更均匀，之后再用保鲜膜将容器封口并放入冰箱冷藏（注意保鲜膜要直接贴在蛋奶酱液面上而不是盖在容器上，防止蛋奶酱和空气接触）。

待蛋奶酱冷却下来后倒入冰激凌机中搅拌，最后放入冰箱冷冻保存。

5. 制作烤蛋白：

在对流模式下把烤箱预热至140摄

氏度。

把蛋清和40克细砂糖一起倒进厨师机里打发，等到蛋白霜开始成形时再慢慢倒入80克细砂糖，继续搅拌，直到蛋白霜足够坚挺且能够附着在钩爪上不滴落为止。

往蛋白霜中再加入120克细砂糖，并用刮刀拌匀。

把蛋白霜填进裱花袋里，用14毫米口径的花嘴在烤盘上挤一个出7厘米×24厘米的长方形（注意事先要在烤盘里垫一层烘焙纸），接着把剩下的蛋白霜倒进另一个烤盘约1厘米深，并将表面抹平。

把蛋白霜放入烤箱中以140摄氏度烤制8分钟，之后把火力调至90摄氏度，并继续烤2小时，直到将其内部完全烤干。最后把两块烤蛋白放凉，并把烤盘中的一整块烤蛋白掰成多片（如图所示）备用。

6. 制作香缇奶油：

将奶油倒入冰水浴容器中打发，当观察到奶油霜慢慢变厚时再加入细砂糖、利口酒和香草精。

继续打发奶油，直到奶油霜足够坚挺并且能够附着在打蛋器钩爪上而不滴落的时候停止，将奶油冷藏保存。

7. 最后把蛋糕组装起来：

将树莓雪芭、蓝莓雪芭以及巴旦杏仁雪芭依次倒入沟槽模具中，以做出大理石纹理的效果，接着放入冰箱冷冻2小时。

在树桩蛋糕模具中倒入约2/3的香草冰激凌，把蓝莓雪芭和巴旦杏仁雪芭压入其中，再用一层树莓雪芭和一整片烤蛋白盖在表面，之后把模具放进冰箱冷冻2小时。

待蛋糕冻硬后将其脱模，在表面抹上一层2厘米厚的香缇奶油，并用抹刀顺着把奶油均匀地抹在表面。

接着在蛋糕上贴满烤蛋白，再撒上糖粉和普通糖霜即可。

这款蛋糕需要冷冻保存，在食用前还需要先从冷冻室取出，静置25分钟左右。

附 录

食谱速览

经典篇
41

巧克力篇

创意篇

伊甸园

118

榛子曲奇蛋糕

122

玫瑰诱惑

126

特浓香草

130

焦糖花生陀螺蛋糕

134

夏洛特小姐

138

树莓泡芙

142

热带情人

146

小小苹果

150

橘子小姐

154

浓情椰香蛋糕

158

驹井慕斯蛋糕

162

阿利坎特开心果蛋糕

166

马戏团小丑

170

冰激凌篇

克里斯托夫和
卡米耶的购物指南

不锈钢烘焙用具

Brehmer专门店
地址: 27, rue des Tuileries
67460 Souffelweyersheim
联系电话: 03 88 18 18 22
网址: www.brehmer.fr

Silikomart品牌厨具
网址: www.silikomart.com

各式甜品装饰
PCB Création专门店
地址: 1, rue de Hollande - BP 67
67230 Benfeld
联系电话: 03 88 58 73 33
网址: www.pcb-creation.fr

我们位于阿尔萨斯地区的店铺

Les pÂtissiers
Christophe Felder-Camille Lesecq
Boutique et salon de thé
29, rue du Maréchal Foch
67190 Mutzig
联系电话: 03 88 38 13 21

Les pÂtissiers
Christophe Felder-Camille Lesecq
地址: 1, rue Mercure
67120 Dorlisheim
联系电话: 03 88 38 52 40

在下列酒店也可以找到我们的甜品柜台

Le Kléber
地址: 29, place Kléber
67000 Strasbourg
联系电话: 03 88 32 09 53
网址: www.hotel-kleber.com

Hôtel Le Gouverneur
地址: 13, rue de Sélestat
67210 Obernai
联系电话: 03 88 95 63 72
网址: www.hotellegouverneur.com

Hôtel Roses
地址: 7, rue de Zurich
67000 Strasbourg
联系电话: 03 88 36 56 95
网址: www.hotel3roses-strasbourg.com

Hôtel Victoria
地址: 7-9 rue du maire Kuss
67000 Strasbourg
联系电话: 03 88 32 13 06
网址: www.hotelvictoriastrasbourg.com

Hôtel Suisse
地址: 2/4 rue de la Râpe
67000 Strasbourg
联系电话: 03 88 35 22 11
网址: www.hotel-suisse.com

我们还在多地开设了针对公众的甜品课程

斯特拉斯堡
克里斯托夫·费尔德工作室
地址: Hôtel Suisse
2-4, rue de la Râpe
67000 Strasbourg
预约电话: 03 88 35 22 11
电子邮箱: ecolecf@orange.fr

巴黎
克里斯托夫·费尔德巧克力工坊
地址: Jardin d'Acclimatation
Bois de Boulogne
75116 Paris
预约电话: 03 88 35 22 11
电子邮箱: ecolecf@orange.fr

我的个人网站:
www.christophe-felder.com
合作电子邮箱:
christophefelder@wanadoo.fr

来自克里斯托夫·费尔德的致谢词：

感谢我的"大老板"，马蒂尼埃出版社的埃尔韦先生，您是一位令人敬佩的领导者！

感谢马蒂尼埃团队的每一位成员，你们高效的工作令人印象深刻！

感谢洛尔·阿琳，你面对问题淡定自若，解决问题也堪称完美！

感谢阿加特，你的才智与高效惊艳了所有人，我们欢迎你来阿尔萨斯！

感谢让-克洛迪于斯·阿米耶尔，你一如既往地奉献出了完美的作品！我还要感谢玛丽昂·夏特兰、桑德里娜·贾科贝蒂、本杰明·厄泽，这份感激难以言表。

感谢西尔维·肯普勒，你是顶级的编辑，也是我忠实的好友。

感谢弗朗索瓦丝·沃赞，你的新奇创意和点子总让人眼前一亮！

感谢帕特里夏·罗帕尔茨和朱莉娅，以及你们背后的马蒂尼埃团队。

感谢卡里纳·吕奥。

感谢托尔、埃里克、德尼，你们伴我走过这段漫漫旅程。

我还需要感谢亨利·夏庞蒂埃和米特奇的甜品团队，

感谢我亲爱的路易，玛丽和露西。

感谢卡米耶，你同我情同手足。

感谢驹居崇宏先生，您是日本亨利·夏庞蒂埃的甜品主厨，更是2017年世界甜品大赛的亚军得主，我向您以及亨利·夏庞蒂埃的总裁蚁田刚毅先生表达我崇高的敬意！

卡米耶·勒塞克的致谢词：

感谢克里斯托夫，

感谢拉提蒂亚对我如天使般的耐心，

感谢我的家人们。

玛丽昂·夏特兰的致谢词：

首先感谢克里斯托夫和卡米耶带我们走过这段难忘的冒险！

我还需要感谢 CAMILLE 和 CLEMENTINE 品牌为本书提供精美瓷器（见本书第42-43、54-55、106、130、141、149、158和207页）

他们的网址是 www.camilleetclementine.com。

同时感谢 Annie MAUFFREY 为我们提供独创陶器（见本书第46-47、74-75、80-81、107、109、114-115和208页）

大家可以在 www.anniem.net 这个网站找到它们！